石油化工设备技术问答丛书

往复式压缩机技术问答

（第二版）

安定纲　编著
孙炯明　朱吉新　修订
吕碧超　主审

中国石化出版社

内 容 提 要

本书采用问答形式，介绍了往复式压缩机的工作原理、故障分析判断及处理，并结合实际介绍了维护检修经验及要求。

本书可供从事往复式压缩机维修和操作的人员学习使用。

图书在版编目(CIP)数据

往复式压缩机技术问答/安定纲编著. —2版.
—北京：中国石化出版社，2005(2024.5重印)
(石油化工设备技术问答丛书)
ISBN 978-7-80164-879-2

Ⅰ.往… Ⅱ.安… Ⅲ.往复式压缩机-问答
Ⅳ.TH457-44

中国版本图书馆 CIP 数据核字(2005)第090597号

中国石化出版社出版发行
地址：北京市东城区安定门外大街58号
邮编：100011　电话：(010)57512500
发行部电话：(010)57512575
http://www.sinopec-press.com
E-mail:press@sinopec.com
北京富泰印刷有限责任公司印刷
全国各地新华书店经销
*
787毫米×1092毫米 32开本 3.375印张 68千字
2024年5月第2版第16次印刷
定价：15.00元

序

设备是企业进行生产的物质技术基础。现代化的石油化工企业，生产连续性强，自动化水平高，且具有高温、高压、易燃、易爆、易腐蚀、易中毒的特点。设备一旦发生问题，会带来一系列严重的后果，往往会导致装置停产、环境污染、火灾爆炸、人身伤亡等重大事故的发生。因而石油化工厂的设备更体现了设备是企业进行生产、发展的重要物质基础。“基础不牢、地动山摇”。设备状况的好坏，直接影响着石油化工企业生产装置的安全、稳定、长周期运行，从而也影响着企业的经济效益。

确保石油化工厂设备经常处于良好的状况,就必须强化设备管理,广泛应用先进技术,不断提高检修质量,搞好设备的操作和维护,及时消除设备隐患,排除故障,提高设备的可靠度,从而确保生产装置的安全、稳定、长周期运行。

为了适应广大石油化工设备管理、操作及维护检修人员了解设备，熟悉设备，懂得设备的结构、性能、作用及可能发生的故障和预防措施，消除隐患，排除故障，搞好操作和日常维护能力的需要，中国石化出版社针对石油化工厂常见的各类设备，诸如，各类泵、压缩机、风机及驱动机，各类工业炉、塔、反应器、压力容器，各类储罐、换热设备，以及各类工业管线、阀门管件等，组织长期工作在石油化工企业基层，有一定设备理论知识和实践经验的专家和专业技术人员，以设备技术问答的形式，编写了一系列“石油化工设备技术问答丛书”，供大家学习和阅读，希望对广大读者有所帮助。本书即为这套丛书之一。

中国石化设备管理协会副会长　胡安定

目　录

第一章　往复式压缩机的基础知识 …………………………（1）
1. 什么是压缩机工作过程？ ……………………………………（1）
2. 什么是压缩气体的三种热过程？ ……………………………（3）
3. 什么是多级压缩？ ……………………………………………（6）
4. 为什么要多级压缩？ …………………………………………（7）
5. 什么是气体压力？压力单位的表示方法是什么？ …………（8）
6. 什么是温度？ …………………………………………………（9）
7. 什么是比容？ …………………………………………………（10）
8. 往复式压缩机的机型代号的含义是什么？ …………………（10）
9. 什么是往复式压缩机的生产能力(排气量)？ ………………（10）
10. 影响往复式压缩机生产能力提高的因素主要
有哪几方面？ ………………………………………………（10）
11. 为什么往复式压缩机气缸必须留有余隙？ ………………（12）
12. 为什么往复式压缩机各级之间要有中间冷却器？ ………（13）
13. 往复式压缩机润滑的作用、润滑类别及润滑方法？ ……（14）
14. 目前石化行业往复式压缩机设计、制造、
销售的通用标准是什么？ ………………………………（16）
第二章　往复式压缩机主要部件的结构特点 ………………（17）
1. 往复式压缩机的气缸有哪几种形式？ ………………………（17）
2. 什么情况下采用气缸套？ ……………………………………（17）
3. 压缩机的气阀布置有哪几种形式？ …………………………（17）
4. 压缩机的气阀的固定有哪几种传统形式？ …………………（18）
5. 气阀是由哪些零件组成的？各个零件有何作用？ …………（18）
6. 阀片升程大小对压缩机有何影响？如何调节？

气阀的弹簧弹力不一致有什么影响？ …………………… (18)
7. 气阀的结构有哪几种形式？ …………………… (18)
8. 吸气阀和排气阀有何区别？安装气阀时应注意什么？吸排气阀装反会出现什么问题？ …………………… (19)
9. 与金属阀相比，非金属阀有什么优点？ …………………… (19)
10. 什么工况下不宜使用非金属阀？ …………………… (19)
11. 非金属阀在使用中应注意什么？ …………………… (19)
12. 煤油测试气阀泄漏量为何不再普遍适用？ …………………… (20)
13. 为什么过量的油润滑可能会影响气阀的工作状态和寿命？ …………………… (20)
14. 为什么液击、杂物、粉尘等因素会直接影响到气阀的寿命？ …………………… (20)
15. 气阀损坏的几率与运行时间有没有关系？ …………………… (21)
16. 气阀中最容易损坏的部件是什么？ …………………… (21)
17. 弹簧为什么易断裂？ …………………… (21)
18. 阀片为什么会经常在最外圈发生断裂？ …………………… (21)
19. 腐蚀是如何影响气阀寿命的？ …………………… (21)
20. 气阀的中心螺栓上紧扭矩是否必须遵守？ …………………… (21)
21. 活塞的结构有哪几种形式？ …………………… (22)
22. 活塞杆在制造中采用什么方法来提高耐磨性？ …………………… (22)
23. 活塞环和支撑环的作用有什么不同？ …………………… (22)
24. 设计活塞环和支撑环时需要考虑哪些因素？ …………………… (22)
25. 非金属支撑环的设计应注意哪些因素？ …………………… (23)
26. 活塞环和支撑环在安装过程中有什么要求？ …………………… (23)
27. 活塞杆填料环的作用是什么？ …………………… (23)
28. 活塞的对中及活塞杆的径向跳动有何影响？ …………………… (23)
29. 设计活塞杆填料环需要考虑哪些因素？ …………………… (24)
30. 活塞杆填料环在安装过程中有什么要求？ …………………… (24)
31. 活塞杆填料环的“三个间隙”及重要性？ …………………… (24)
32. 介质变化对活塞环与填料环有哪些影响？ …………………… (24)

33. 工作表面对活塞环和填料环有何影响？ ………………（25）
34. 为什么活塞环工作一段时间后会形成偏磨？ …………（25）
35. 活塞杆填料环的寿命一致吗？能否实现寿命的同步性？ …（26）
36. 填料盒在安装过程中有什么要求？ ……………………（26）
37. 有油/无油润滑对活塞环与填料环有哪些影响？ ………（27）
38. 无水填料盒的工作原理是什么？ ………………………（27）
39. 无水冷却填料盒的主要优点有哪些？ …………………（28）
40. 填料盒用久以后对填料环有什么影响？ ………………（28）
41. 刮油环的作用是什么？ ………………………………（29）
42. 设计刮油环需要考虑哪些因素？ ……………………（29）
43. 刮油环在安装过程中有什么要求？ …………………（29）
44. 常用的非金属密封材料有哪些？ ……………………（29）
45. 为了避免重大安全事故，密封产品在设计使用
中应注意哪些问题？ ……………………………………（29）
46. 为什么密封部件要进行开机磨合？ …………………（30）
47. 什么是电液气量调节系统？它的作用是什么？………（30）
48. 电液气量调节系统的基本原理是什么？控制速度
和精度如何？ ……………………………………………（31）
49. 电液气量调节系统具有哪些控制特点？ ……………（32）
第三章　往复压缩机的故障处理 ……………………（33）
1. 一级吸气压力异常上升是什么原因？ ………………（33）
2. 中间级吸气压力异常上升是什么原因？ ……………（33）
3. 一级排气压力异常上升是什么原因？ ………………（33）
4. 中间级排气压力异常上升是什么原因？ ……………（34）
5. 一级吸气压力异常低是什么原因？ …………………（34）
6. 中间级吸气压力异常低是什么原因？ ………………（34）
7. 一级排气压力异常低是什么原因？ …………………（34）
8. 中间级排气压力异常低是什么原因？………………（34）
9. 排气压力异常高是什么原因？ ………………………（35）

10. 一级吸气温度异常升高是什么原因？ ……………………（35）
11. 中间级吸气温度异常升高是什么原因？ ………………（35）
12. 一级排气温度异常低是什么原因？ ………………………（35）
13. 中间级排气温度异常低是什么原因？ ……………………（35）
14. 中间级排气温度异常高是什么原因？ ……………………（35）
15. 吸、排气阀不良是什么原因？ ……………………………（36）
16. 气量显著降低是什么原因？ ………………………………（36）
17. 怎样判别各级气阀有故障？ ………………………………（37）
18. 为什么压缩机各级排出系统必须设置安全阀？ …………（37）
19. 为什么介质为易燃易爆的压缩机在检修前和检修后(开工或停机时间过久)要用氮气置换？ …………………（38）
20. 轴瓦(承)过热是什么原因？ ………………………………（38）
21. 活塞杆过热是什么原因？ …………………………………（38）
22. 刮油环漏油是什么原因？ …………………………………（39）
23. 气缸过热是什么原因？ ……………………………………（39）
24. 传动机构撞击是什么原因？ ………………………………（39）
25. 气缸发出撞击声是什么原因？ ……………………………（40）
26. 气缸内发出突然冲击声是什么原因？ ……………………（40）
27. 吸、排气阀发出敲击声是什么原因？ ……………………（40）
28. 曲轴箱发出严重的敲击声是什么原因？ …………………（41）
29. 飞轮发出敲击声是什么原因？ ……………………………（41）
30. 曲轴裂纹或折断是什么原因？ ……………………………（41）
31. 连杆螺栓断裂是什么原因？ ………………………………（42）
32. 活塞卡住或咬住是什么原因？ ……………………………（42）
33. 连杆大头瓦过热和异响是什么原因？ ……………………（43）
34. 连杆小头瓦过热和异响是什么原因？ ……………………（43）
35. 压缩机的运动部件有异响是什么原因？ …………………（43）
36. 气缸部分异常振动是什么原因？ …………………………（43）
37. 机身异常振动是什么原因？ ………………………………（44）
38. 机体部分发生不正常的振动是什么原因？ ………………（44）
39. 管线异常振动是什么原因？ ………………………………（44）

40. 新安装的压缩机为什么会发生基座振动？ ……………… (45)
第四章 压缩机维护检修 …………………………………… (46)
1. 主轴颈中心线与曲轴颈中心线不平行度不准超过多少？ …… (46)
2. 曲轴安装水平误差不准超过多少？ ………………………… (46)
3. 曲轴的弯曲及曲臂距差最大不准超过多少？ ……………… (46)
4. 轴颈的椭圆度和锥度的安装允许值和最大磨损
极限不准超过多少？ ………………………………………… (46)
5. 轴瓦瓦背与瓦座(瓦窝)的配合有哪些要求？ …………… (47)
6. 轴颈与轴瓦的接触角及接触点应留多大为标准？ ……… (48)
7. 主轴瓦的径向间隙和侧部间隙应留多大为合适？ ……… (48)
8. 怎样检测和调整主轴瓦间隙？ …………………………… (49)
9. 怎样确定主轴瓦的轴向间隙(窜量)？ ………………… (49)
10. 怎样使用和装配薄壁瓦？ ………………………………… (50)
11. 连杆及连杆瓦在装配时应注意什么？ …………………… (53)
12. 连杆大头瓦的检修应注意什么？ ………………………… (53)
13. 连杆小头瓦的检修应注意什么？ ………………………… (55)
14. 曲轴在哪些情形下应对其进行修理？ …………………… (56)
15. 十字头销在检修中应注意什么？ ………………………… (56)
16. 十字头跑偏或横移是什么原因？ ………………………… (57)
17. 怎样调整和确定十字头滑履与机身滑道的间隙 ………… (58)
18. 连杆螺栓的检修应注意什么？ …………………………… (58)
19. 连杆的安全使用期限一般不允许超过多长时间？ ……… (59)
20. 活塞杆表面(贴填料处)的加工有哪些要求？ …………… (59)
21. 填料漏气过多是什么原因？ ……………………………… (59)
22. 填料发生异常磨损、烧伤是什么原因？ ………………… (60)
23. 填料的装配及检修应注意什么？ ………………………… (60)
24. 如何检查活塞杆的跳动值？跳动值的标准是
如何规定的？ ………………………………………………… (61)
25. 刮油环带油是什么原因？ ………………………………… (61)
26. 从法兰盘处泄漏油是什么原因？ ………………………… (61)

27. 阀片与阀座的质量标准是什么？ …………………………（62）
28. 阀片破损是什么原因？ ……………………………………（62）
29. 阀簧折断是什么原因？ ……………………………………（62）
30. 怎样确定活塞与气缸内端面的死点间隙？ ………………（62）
31. 活塞与气缸之间的周隙多大为宜？ ………………………（63）
32. 怎样检查活塞与气缸的周隙？ ……………………………（63）
33. 活塞组件总装配时应注意什么？ …………………………（64）
34. 活塞环为什么要留工作开口间隙？怎样留工作开口间隙？ ……………………………………………（64）
35. 活塞环在活塞槽里的侧面间隙应留多大？ ………………（65）
36. 活塞环为什么要倒角？ ……………………………………（65）
37. 活塞环异常磨损、烧损是什么原因？ ……………………（65）
38. 活塞环磨损到什么程度不能再使用？ ……………………（66）
39. 为什么活塞环工作一段时间后，会磨成一边薄一边厚？ ……………………………………………（66）
40. 气缸经过镗缸后，其增大值不允许超过多少？ …………（67）
41. 气缸在安装或检修中，应注意什么？ ……………………（67）
42. 压缩机在开车之前，为什么要盘车？ ……………………（67）
43. 压缩机与电动机对轮同心度不允许超过多少？ …………（67）
44. 压缩机的基础在工作时的振幅值规定不允许超过多少？ ……………………………………………（67）
45. 压缩机的检修周期及检修项目是怎样规定的？ …………（68）
第五章　润滑及冷却系统故障的处理 ……………………（70）
1. 齿轮油泵的工作原理、特点是什么？旋转方向如何？安全阀的作用是什么？ ……………………………………（70）
2. 循环油压不高或突然降至零是什么原因？ ………………（70）
3. 润滑油因温度低而黏度大怎么办？ ………………………（71）
4. 齿轮油泵各部间隙应留多大？ ……………………………（71）
5. 润滑油过热是什么原因？ …………………………………（72）

6. 油压降低是什么原因？ …………………………………………（72）
7. 注油器的柱塞常出现哪些问题？ ……………………………（73）
8. 注油器供油不正常或不供油对压缩机有什么影响？ ……（73）
9. 注油器的逆止阀返气是什么原因？ …………………………（73）
10. 润滑油管堵塞是什么原因？ …………………………………（74）
11. 怎样正确调节注油器的供油量？ ……………………………（75）
12. 冷却水中带有气泡是什么原因？ ……………………………（75）
13. 怎样防止冷却水管系统的泄漏？ ……………………………（75）
14. 怎样防止冷却水管件及冷却水管的冻裂？ ………………（75）
15. 压缩机的出口气温过高是什么原因？ ……………………（76）
第六章　压缩机的试运、验收 …………………………………（78）
1. 压缩机启动时应注意哪些事项？ ……………………………（78）
2. 压缩机怎样试车？ ……………………………………………（79）
3. 压缩机在运转中必须注意哪些事项？ ………………………（81）
4. 压缩机在试运时可能会出现哪些问题？ ……………………（82）
5. 压缩机停车时应注意哪些事项？ ……………………………（87）
6. 怎样做好压缩机的日常维护？ ………………………………（88）
7. 压缩机的验收标准有哪些？ …………………………………（90）
8. 压缩机的完好标准都包括哪些内容？ ………………………（91）
第七章　压缩机的状态监测及故障诊断 ………………………（93）
1. 为什么要对压缩机进行状态监测及故障诊断？ ……………（93）
2. 压缩机状态监测及故障诊断技术发展的状况如何？ ……（93）
3. 压缩机状态监测分为哪几种？ ………………………………（93）
4. 压缩机在线监测系统主要有哪些组成？ ……………………（93）
5. 压缩机在线系统主要有哪些功能？ …………………………（94）
6. 目前状态监测设备(系统)主要具有哪些监测、
分析功能？ ……………………………………………………（94）

第一章　往复式压缩机的基础知识

1. 什么是压缩机工作过程？

往复式压缩机都有气缸、活塞和气阀。压缩气体的工作过程可分成膨胀、吸入、压缩和排出四个阶段。

图 1-1 所示是一种单吸式压缩机的气缸。这种压缩机只在气缸的一端有吸入气阀和排出气阀，活塞每往复一次只吸一次气和排一次气。

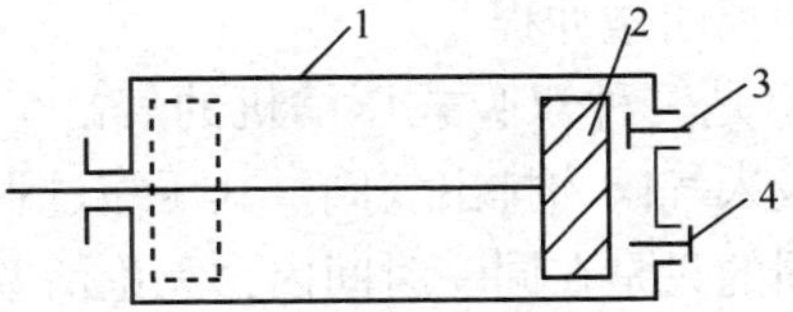

图 1-1　单级式压缩机气缸简图

1—气缸；2—活塞；3—吸入气阀；4—排出气阀

（1）膨胀：当活塞 2 向左边移动时，活塞右边的缸容积增大，压力下降，原先残留在气缸中的余气不断膨胀。

（2）吸入：当压力降到稍小于进气管中的气体压力时，进口管中的气体便推开吸入气阀 3 进入气缸，随着活塞逐渐向左移动，气体持续进入缸内，直到活塞移至左边的末端（又称左死点）为止。

（3）压缩：当活塞调转方向向右边移动时，工件的容积逐渐缩小，这样便开始了压缩气体的过程。由于吸入气阀有止逆作用，故缸内气体不能倒回进口管中，而出口管中的气体压力又高于气缸内部的气体压力，缸内的气体也无法从排出气阀4跑到缸外。出口管中的气体因排出气阀有止逆作用，也不能流入缸内。因此缸内的气体质量保持一定，只因活塞继续向右移动，缩小了缸内的容气空间(容积)，使气体的压力不断升高。

(4) 排出：随着活塞右移，压缩气体的压力升高到稍大于出口管中的气体压力时，缸内气体便顶开排出气阀而进入出口管中，并不断排出，直到活塞移至右边的末端(又称右死点)为止。然后，活塞又开始向左移动，重复上述动作。活塞在缸内不断地来回运动，使气缸往复循环地吸入和排出气体。活塞的每一次来回称为一个工作循环，活塞每来或回一次所经过的距离叫做冲程。

图1-2所示是一种双吸式压缩机的气缸。这种气缸的两端，都具有吸入气阀和排出气阀。其压缩过程与单吸式气缸相同，所不同的只是在同一时间内，无论活塞向哪一方向移动，都能在活塞的运动方向发生压缩作用，在活塞的后方进行吸气过程。也就是说，无论活塞向左移或向右移都能同时吸入和排出气体。

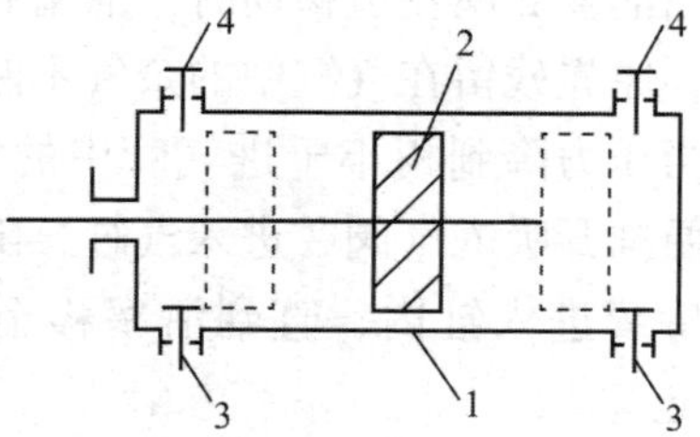

图1-2 双吸式压缩机气缸简图

1—气缸；2—活塞；3—吸入气阀；4—排出气阀

2. 什么是压缩气体的三种热过程?

气体在压缩过程中的能量变化与气体状态(即温度、压力、体积等)有关。在压缩气体时产生大量的热,导致压缩后气体温度升高。气体受压缩的程度愈大,其受热的程度也愈大,温度也就升得愈高。压缩气体时所产生的热量,除了大部分留在气体中使气体温度升高外,还有一部分传给气缸使气缸温度升高,并有少部分热量通过缸壁散失于空气中。

压缩气体所需的压缩功,决定于气体状态的改变。说通俗点,压缩机耗功的大小与除去压缩气体所产生的热量有直接关系。一般来说,压缩气体的过程有以下三种:

(1) 等温压缩过程:在压缩过程中,把与压缩功相当的热量全部移去,使缸内气体的温度保持不变,这种压缩称为等温压缩。在等温压缩过程中所消耗的压缩功最小。但这一过程是一种理想进程,实际生产中是很难办到的。

(2) 绝热压缩过程:在压缩过程中,与外界没有丝毫的热交换,结果使缸内气体的温度升高。这种不向外界散热也不从外界吸热的压缩称为绝热压缩。这种压缩过程的耗功最大,也是一种理想过程。因为实际生产中,无论何种情况要想完全避免热量的散失,都是很难做到的。

(3)多变压缩过程:在压缩气体过程中,既不完全等温,也不完全绝热的过程,称为多变压缩过程。这种过程介于等温过程和绝热过程之间。实际生产中气体的压缩过程均属多变压缩过程。

图 1–3 所示是气体在上述三种情况下的压缩曲线。其中最外一条曲线 BC 表示绝热过程,称为绝热曲线;位于中间的曲线 BC_1,表示在实际情况下的气体压缩过程,称为多变曲线;位于里层的曲线 BC_2 表示气体在温度不变情况下

的压缩过程，称为等温曲线。

从图 1-3 中可以看出，气体在等温压缩时所包含的面积 ABC_2D 比绝热压缩包含的面积 $ABCD$ 为小。面积的大小也可以表示功耗的大小，故等温压缩时所消耗的功就比在绝热压缩时所消耗的功小得多。同时从图中也可看到，多变曲线介于等温和绝热曲线之间，其面积 ABC_1D 比等温压缩时的面积 ABC_2D 大，比绝热压缩时的面积 $ABCD$ 小，因而在多变压缩过程中所消耗的功就比等温压缩大，比绝热压缩小。多变曲线愈靠近等温曲线，其所消耗的功就愈少；反之多变曲线愈靠近绝热曲线，则所消耗的功就愈多。所以，在实际工作中，为了节省压缩功，也就是节省压缩气体时所消耗的动力，就必须使多变过程尽量接近等温过程。换句话说，必须创造近似于等温过程的条件进行气体压缩。

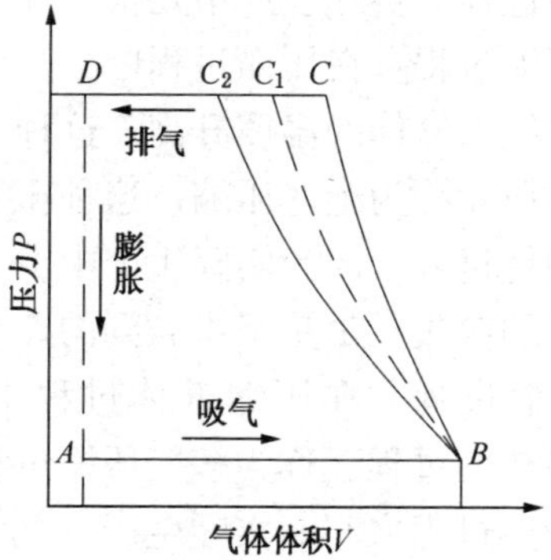

图 1-3　气体压缩曲线

BC—绝热曲线；BC_1—多变曲线；BC_2—等温曲线

要使多变过程接近于等温过程，必须将压缩气体时所产生的热量移去。在实际生产中，为了达到上述目的，多用空气和冷却水来冷却压缩机的气缸和压缩以后的气体。在压缩过程中，冷却的效果愈好，移去的热量会愈多，多变曲线也就愈接近等温曲线，则节省的动力也会愈多，愈经济。

图 1–3 又叫示功图，可用专门的仪器(示功器)描绘在图纸上，根据示功图可以确定指示功率、容积系数、压缩和膨胀过程的多变指数、吸气和排气时的压力损失和消耗在有害阻力上的指示功率。此外所有阀、阀的弹簧、活塞环和填料函工作的情况都反映在示功图上。

图 1–4 示出了压缩机正常工作和不正常工作的示功图。根据示功图歪曲的特点，可以看出压缩机在工作中所发生的故障及其性质。

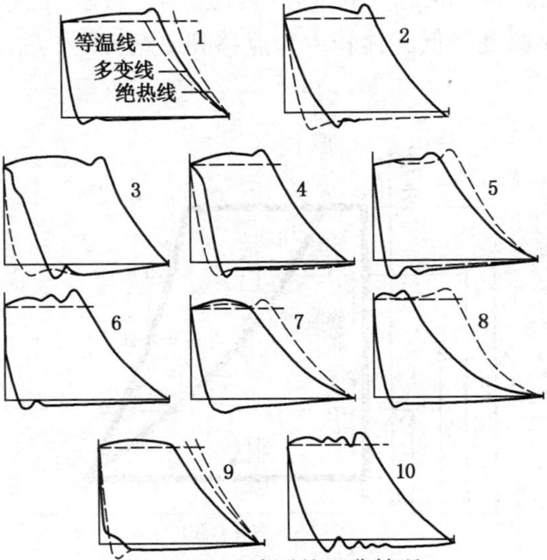

图 1–4　示功图的歪曲情况

1—正常的示功图(虚线代表理论的吸入、压缩和排出曲线)；2—余隙容积超过正常值；3—排出阀漏；4—排出阀片卡住；5—吸入和排出管路的阻力大；6—排出阀的弹簧过强；7—压缩时吸入阀或者活塞环漏；8—吸入阀卡住；9—活塞环泄漏；10—阀的弹簧选择不适当

3. 什么是多级压缩？

所谓多级压缩，即根据所需的压力，将压缩机的气缸分成若干级，逐级提高压力，并在每级压缩之后，设立中间冷却器，冷却每级压缩后的高温气体。这样，便能降低每级的排气温度。

图 1-5 所示是多级压缩机的示功图。*BC* 为绝热曲线，*BK* 为等温曲线。当气体在 P_1 压力下进入第一级气缸，并在缸中压缩到 P_1 压力时，如果为绝热过程，气体状态以 BC_1 线上的点 *a* 表示。在压缩过程中如果经过气缸水套冷却水的冷却，则气体状态落在图中 *b* 点。由图可见，这样可节省 *Bab* 面积的功。状态 *b* 的气体再经过第一级缸后的中间冷却器，气体温度降低，体积由 *b* 点移到 *c* 点(压力 P_2 仍然保持不变)。

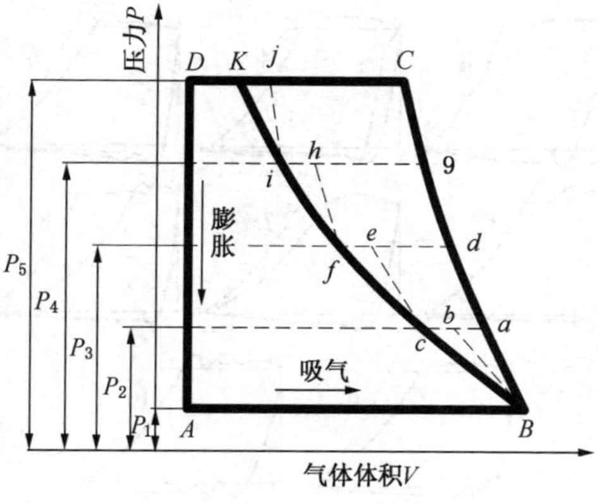

图 1-5　分段压缩示功图

P_1—吸入压力；P_2—一级出口压力；P_3—二级出口压力；P_4—三级出口压力；P_5—四级出口压力；*Bbcefhij*—实际分级多变压缩曲线

同理，在第二级压缩时，节省了 *cade* 面积的功；第三级所节省的功可用面积 $fdgh$ 表示；第四级所省的功可用面积 $igCj$ 表示。如果分级愈多，则 B、b、c、e、f、h、i、j 各点的连线就会愈靠近等温曲线，节省的功也就愈多。

4. 为什么要多级压缩?

用单级压缩机将气体压到很高的压力，压缩比必然增大，压缩后的气体温度也会升得很高。气体压力升高比愈大，气体温度升得愈高。当压力比超过一定数值时，气体压缩后的终结温度就会超过一般压缩机润滑油的闪点(200~240℃)，润滑油会被烧成碳渣，造成润滑困难。

多级压缩机所消耗的功比单级的大为减少，级数愈多，省功愈多。同时，级数愈多，气体压缩后的温度也愈低，气缸所能吸入的气体的体积也愈大。往复式压缩机在吸气过程中，须待残留在气缸余隙容积(所谓余隙容积系指压缩机在排气终了，活塞处于死点位置时活塞与气缸之间的空间以及连接气阀和气缸间的通道的空间)内的高压气体膨胀到压力稍低于进气压力时，才能开始吸气。高压气体膨胀后占去一部分气缸容积，使气缸吸入气体的容积减少。显然，如果压力比愈高，余隙内残留的气体压力也愈高，余气膨胀后所占去的容积就愈大，压缩机的生产能力就显著降低。同时，压缩机机件的长度、厚度和直径都必须相应增大，不然，就不能适应其所承受的负荷，结果，不但使压缩机的造价增高，而且还会增加机件制造上的困难。因此，为了达到较高的终压，必须采用多级压缩机。但压缩机的级数也不应太多，因为级数每增加一级，就必须多一套气缸、气阀、活塞杆、连杆等机件，使压缩机结构复杂，并且大大增加设备费用。一般情况下，压缩机每一级压缩比不超过 3~5。

5. 什么是气体压力？压力单位的表示方法是什么？

气体压力就是气体分子对容器壁面撞击，使壁面受到连续均匀的平均力。通俗地说，压力就是垂直均匀作用在物体上的力。它的数学表达式为：

$$P = F/A$$

式中 P——压力；

A——作用面积；

F——面积 A 上所受的力。

压力单位的表示方法如下：

（1）国际单位制

a. 帕斯卡：1 帕斯卡等于 1 米^2 面积上均匀垂直作用着 1 牛顿的力，符号为 Pa。即 $1\text{Pa}=1\text{N/m}^2$。

b. 标准大气压：1atm（标准大气压）= 101325Pa（帕斯卡）

（2）工程单位制

a. 工程大气压：目前工程上常用的压力单位为工程大气压，符号为 at。$1\text{at}=1\text{cm}^2$ 面积上垂直均匀作用 1kgf。它与 Pa 和 atm 的关系如下：

1at（工程大气压）= 98066.5 Pa（帕斯卡）

1atm（标准大气压）= 1.0332 at（工程大气压）

b. 毫米汞柱（或水柱）：在测量气体、液体压力时，也常用毫米汞柱（或水柱）为单位。它与标准大气压的关系如下：

1atm（标准大气压）= 760mmHg（毫米汞柱）

= 10.332mH_2O（米水柱）

（3）表压和绝对压

用压力表测量压力时所得的数值是相对数值，工程上称它为表压。把大气压计算在内的数值才是压力的真实数值，工程上称这个压力为绝对压力。表压和绝对压可按下式进行换算：绝对压=表压+大气压或表压=绝对压-大气压。

6. 什么是温度？

温度是物体分子热运动强弱的程度，或者说温度是表明物体冷热程度的度量。在工程中，温度有如下几种表示方法：

(1) 摄氏温度：它是用摄氏温度计测量的温度，用℃表示。例如用这种温度计测得的温度为 50 度，就写成 50℃。目前在我国以及世界许多国家都习惯于采用摄氏温度。

当温度低于 0℃时，要在温度数字的前面标记一个负号“-”，如测得的温度为零下 10 摄氏度，就写成-10℃。零度以上的温度为正值，习惯上前面不加“+”号。

(2) 绝对温度：这是热力学上采用的一种温度表示方法。根据分子运动的规律，人们认识到，温度升高，气体分子运动的速度加快，反之，温度降低，气体分子运动的速度减慢。如果温度降低到零下 273 摄氏度，即-273℃时，分子运动完全停止(实际上这一温度并不存在)，热力学上把这一温度定为“绝对零度”。以绝对零度为起点，每个间隔和摄氏温度的间隔相同的温标，称为绝对温标，用绝对温标表示的温度就叫绝对温度，它的单位是开尔文，符号为 K。

摄氏温度换算为绝对温度很简单，只需将摄氏温度数值加上 273 就得到绝对温度。例如零摄氏度换算为绝对温度就是：0+273=273 记作 273K；摄氏 100℃换算为绝对温度就是：100+273=373K。

(3) 华氏温度：它是用华氏温度计测得的温度，用°F表示。例如用这种温度测得的温度为 50 度，就写成 50°F。

华氏温度在英、美等国家采用较多。通常(指在标准大气压下)水的冰点为摄氏零度，相当于32华氏度，水的沸点为100摄氏度，相当于212华氏度。这两种温度的换算如下：

华氏换算为摄氏　　　℃=5/9(℉-32)

摄氏换算为华氏　　　℉=9/5℃+32

7. 什么是比容?

比容是单位质量气体所占有的体积，用 v 表示，常用单位为 m^3/kg。它等于物体的体积 V 除以它的质量 m，用数学式来表示就是：$v=v/m$ m^3/kg。比容的倒数叫做密度，用 ρ 来表示。由此可得：$\rho=m/V$。

8. 往复式压缩机的机型代号的含义是什么?

见表1-1。

表1-1　往复式压缩机的机型代号

机型代号	结构简介
L	气缸呈L形排列(立、卧式结合)
V	气缸呈V形排列(角度式)
W	气缸呈W形排列(角度式)
Z	气缸直立排列(立式)
P	气缸水平排列
M	M型对称平衡式(卧式)
H	H型对称平衡式(卧式)
D	对置或对称平衡式

9. 什么是往复式压缩机的生产能力(排气量)?

单位时间内压缩机排出的气体，换算到最初吸入状态下的气体体积量，称为压缩机的生产能力，也称力压缩机的排气量。其单位为 m^3/h 或 m^3/min。

10. 影响往复式压缩机生产能力提高的因素主要有哪几方面?

（1）余隙：当余隙较大时，在吸气时余隙内的高压气体产生膨胀而占去部分容积，致使吸入的气量减少，使压缩机的生产能力降低。当然，余隙过小也不利，因为这样气缸中活塞容易与气缸端盖发生撞击而损坏机器。所以压缩机的气缸余隙一定要调整适当。

（2）泄漏损失：压缩机的生产能力与活塞环、吸入气阀和排出气阀以及气缸填料的气密程度有很大关系。活塞环套在活塞上，其作用是密封活塞与气缸之间的空隙，以防止被压缩的气体窜漏到活塞的另一侧。因此，安装活塞环时，应使它能自由胀缩，即能造成良好的密封，又不使活塞与气缸的摩擦太大。如果活塞环安装得不好或与气缸摩擦造成磨损而不能完全密封时，被压缩的高压气体便有一部分不经排出气阀排出，而从活塞环不严之处漏到活塞的另一边。这样由于压出的气量减少，压缩机的生产能力也就随着降低。在实际生产中，由于活塞环磨损而漏气造成产量降低的情况经常发生。

如果排出气阀不够严密，则在吸入过程中，出口管中的部分高压气体就会从气门不严之处漏回缸内。如果吸气阀不够严密，则在压缩期间也会有部分压缩气体自缸中漏回进口管。这两种情况都会使压缩机的生产能力降低。在实际操作中，由于气阀的阀片经常受到气体的冲蚀或因质量不好而损坏，因此漏气造成减产的现象也会时常发生。在压缩机运转的过程中，出于气缸填料经常与活塞杆摩擦而发生磨损，或因安装质量不好，都会产生漏气现象。因此，气缸填料的漏气在实际生产中也会经常遇到。

（3）吸入气阀的阻力：压缩机的吸入气阀应在一定程度上具有抵抗气体压力的能力，并且只有在缸内的压力稍低于进口管中的气体压力时才开启。如果吸入气阀的阻力大于平常的阻力，开启速度就会迟缓，进入气缸的气量也会减少，压缩机的生产能力也由此降低。

(4) 吸入气体温度：压缩机气缸的容积虽恒定不变，但如果吸入气体的温度高，则吸入缸内的气体密度就会减小，单位时间吸入气体的质量的减少，导致压缩机的生产能力降低。压缩机在夏天的生产能力总是比冬天低，就是这个原因。另外，在进口管中的气体温度虽然不高，但如果气缸冷却不好，使进入气阀室的气体温度过高，也会使气体的体积膨胀，密度减小，压缩机的生产能力也会因此降低。

11. 为什么往复式压缩机气缸必须留有余隙?

(1) 压缩气体时，气体中可能有部分蒸气凝结下来。我们知道液体是不可压缩的，如果气缸中不留余隙，则压缩机不可避免地会遭到损坏。因此，在压缩机气缸中必须留有余隙。

(2) 余隙存在以及残留在余隙容积内的气体可以起到气垫作用，也不会使活塞与气缸盖发生撞击而损坏。同时，为了装配和调节的需要，在气缸盖与处于死点位置的活塞之间也必须留有一定的余隙。

(3) 压缩机上装有气阀，在气阀与气缸之间以及阀座本身的气道上都会有活塞赶不尽的余气，这些余气可以减缓气体对进出口气阀的冲击作用，同时也减缓了阀片对阀座及升程限制器(阀盖)的冲击作用。

(4) 由于金属的热膨胀，活塞杆、连杆在工作中，随着温度升高会发生膨胀而伸长。气缸中留有余隙就能给压缩机的装配、操作和安全使用带来很多好处，但余隙留得过大，不仅没有好处，反而对压缩机的工作带来不好的影响。所以，在一般情况下，所留压缩机气缸的余隙容积约为气缸工作部分体积的3%～8%，而对压力较高、直径较小的压缩机气缸，所留的余隙容积通常为5%～12%。

12. 为什么往复式压缩机各级之间要有中间冷却器?

各级压缩后，由于温度升高，气缸的润滑油会降低黏度，同时会分解出焦质的物质，在阀片等重要部位积聚，妨碍阀片正常运转。若气温高于润滑油的闪点，则具有引起爆炸的潜在危险。有时压缩的气体为碳氢化合物气体(如石油气等)，在高温下气体物理性质会发生变化，如产生聚合作用等。一般压缩机排气温度应低于润滑油闪点30～50℃。压缩空气时，排气温度应限制在160～180℃以下，石油气、乙烯、乙炔气等应限制在100℃以下，所以必须有中间冷却器。

在多级压缩机中，每级的压力比较低，而且有级间冷却器，每级排出气体冷却到接近第一级吸入前的温度(单靠在气缸套中的冷却是达不到的)，因此每一级气缸压缩终了时，气体的温度不会太高。

图1-6表示三级压缩机的流程图。流程图中油水分离器的作用，是当气体冷却时从气体中分离出润滑油和水，以免油和水再被气体带到下级气缸中去。

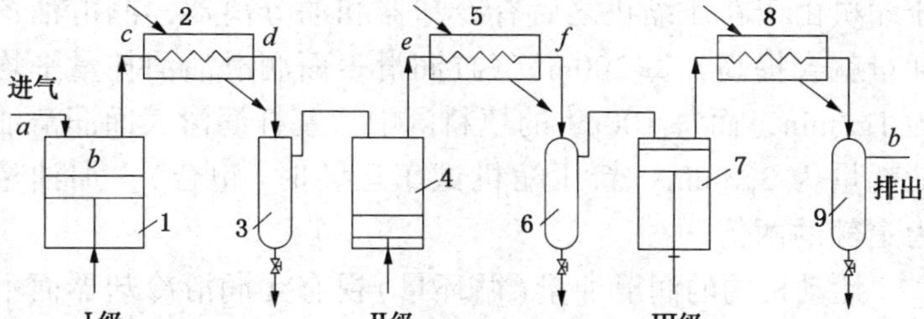

图1-6　三级压缩机流程图

1，4，7—气缸；2，5，8—冷却器；3，6，9—油水分离器

13. 往复式压缩机润滑的作用、润滑类别及润滑方法?

压缩机的润滑作用主要是减少摩擦部件的磨损和消耗的摩擦功，此外还能冷却运动机构的摩擦表面、密封活塞以及填料函，从而提高活塞和填料函的工作可靠性。因此压缩机的润滑有很重要的意义。

压缩机的润滑基本上可分成气缸润滑系统和运动机构润滑系统。

润滑气缸用的润滑油要有较高的黏度，在活塞环与气缸之间能起到良好的润滑和密封作用。其次还要求有较高的闪点和较高的稳定性，使油不易挥发、不易氧化，否则，易引起积炭(润滑油氧化后所形成的碳化物)，而积炭一旦燃烧会引起爆炸，此外积炭会加剧气缸、气阀的磨损，故在气缸中形成积炭对压缩机操作极为不利。所以，气缸润滑油是采用专门的压缩机油来润滑。

空气压缩机的气缸润滑油消耗量限制得比较严格。油量过多，既不经济而且会使导管和附属装置沾污，促使积炭形成。对于低压和中压压缩机来说，其中卧式压缩机每 $400m^2$ 的润滑表面润滑油消耗量平均为 1g/min，立式压缩机每 $500m^2$ 的润滑表面润滑油消耗量平均为 1g/min。高压压缩机由于在压缩机之后有冷却器和油分离器，润滑油消耗量就会提高，每 $200m^2$ 气缸润滑表面润滑油消耗量平均为 1g/min，而每 $100m^2$ 的填料函中活塞杆润滑表面润滑油消耗量为 3g/min。新压缩机试车运转时(跑合)，加油量为定额的两倍。

运动机构的润滑油量(循环量)视有无润滑冷却器而不同，有冷却器时润滑油量为 0.075kg/min · kW，无冷却器时润滑油量为 0.15kg/min · kW。

润滑油的消耗量应根据实际情况而定，以上数字仅供参考。

压缩机气缸的润滑方法一般有两种：

(1) 飞溅法：用回转机构(如曲轴)将曲轴箱中的油甩向气缸壁，以供给气缸润滑油，这种方法只适用于无十字头的单级压缩机，但供油量无法调节，尤其是当刮油环与活塞环配合得不好时，会使润滑油过剩而被气体带走。

(2) 强制润滑法(压力润滑)：气缸内金属之间及活塞杆与填料之间的润滑油用注油器加压强制注入。常用的注油器为单柱塞真空滴油式，此种注油器与以前使用的活门配油多柱塞泵、滑阀配油多柱塞泵相比，构造简单，技术先进，使用时可在不停机的情况下处理故障。此种注油器内安有小油泵，每个油泵担负一个润滑点。

压缩机运动机构的润滑方法一般有两种：

(1) 飞溅法：用回转机构将曲轴箱中的润滑油甩成油摘，当有些油滴落到轴承(瓦)上的油孔中时，即可流到摩擦表面上。

(2) 压力润滑法：用齿轮油泵进行循环润滑，如图1-7所示。在这种方法中，润滑油依次通过下列诸元件：油箱、油泵、过滤器、冷却器、运动机构各润润点，再流入油箱。循环系统还装有调节润滑油压力的旁通阀和压力表。

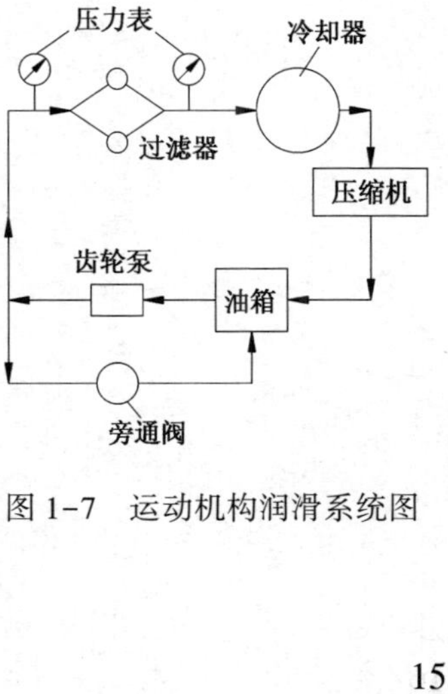

图1-7 运动机构润滑系统图

14. 目前石化行业往复式压缩机设计、制造、销售的通用标准是什么?

目前所执行的标准是：美国石油学会标准《石油、化工和气体工业用往复式压缩机》(API 618)。

第二章　往复式压缩机主要部件的结构特点

1. 往复式压缩机的气缸有哪几种形式？

（1）按照冷却方式划分，可分为：风冷气缸、水冷气缸。

（2）按照有无后盖划分，可分为：开式气缸、闭式气缸。

（3）按照各零部件组合划分，可分为：组合式气缸、整体式气缸。

（4）按照压缩容积数目划分，可分为：单级气缸、级差式气缸。

（5）按照气缸的压缩方式划分，可分为：单作用气缸、双作用气缸。

（6）按照有无缓冲容积划分，可分为：无缓冲容积气缸、有缓冲容积气缸。

2. 什么情况下采用气缸套？

（1）介质较脏以至气缸表面润滑恶化，气缸镜面磨损较快，经常需要更换者。

（2）气缸材料或热处理有特殊要求。

（3）为实现气缸系列化。

3. 压缩机的气阀布置有哪几种形式？

气阀在气缸上的传统布置有三种形式：配置在气缸盖上、配置在气缸体上、混合配置。随着技术的发展和需求的提高，目前一些特殊的压缩机其气阀布置在活塞上。

4. 压缩机的气阀的固定有哪几种传统形式？

形式有两种：带中间压罩、无中间压罩。

5. 气阀是由哪些零件组成的？各个零件有何作用？

气阀是由阀座、升程限制器以及启闭元件(阀片)和弹性元件(弹簧)组成，并用螺栓将其连接、固定。

阀座：具有进气或排气气流通道，与启闭运动元件形成闭锁气流状态，气阀关闭时，承受气阀两侧压力差。

启闭元件：交替周期性开启和关闭阀座气流通道，通常制成片状，称为阀片。

弹性元件：气阀开启时防止启闭运动元件以高速度撞击升程限制器，关闭时及时将启闭元件闭锁阀座通道。

升程限制器：限制启闭元件的开启速度，又可作为弹性元件的支承座。

6. 阀片升程大小对压缩机有何影响？如何调节？气阀的弹簧弹力不一致有什么影响？

阀片升程的大小对压缩机有直接影响。升程大，阀片易冲击，影响阀的寿命；升程小，气体通道截面积小，通过的气体阻力大，排气量小，生产效率低。在调节阀片升程大小时，对于没有调节装置的气阀，可以车削加工阀片升高限制器，对于有调节装置的气阀，可调节气阀内间距垫圈的厚度。

弹簧的弹力不一致时，会使阀片歪斜、卡死。

7. 气阀的结构有哪几种形式？

一般情况，气阀可分为：

(1) 环阀：环状阀、网状阀；(2)孔阀：碟状阀、杯状阀、菌形阀；(3)直流阀；(4)舌簧阀；(5)条状阀：槽形阀、自弹条状阀。

8. 吸气阀和排气阀有何区别？安装气阀时应注意什么？吸排气阀装反会出现什么问题？

吸气阀的阀座在气缸外侧，而排气阀的阀座在气缸内侧，其他零件按照阀座位置装配。在判断时可用螺丝刀进行感觉检查。对于吸气阀，螺丝刀可从阀的外侧顶开阀片；对于排气阀，螺丝刀可从阀的内侧顶开阀片(注意检查时用力要轻，以免损坏阀片)。

9. 与金属阀相比，非金属阀有什么优点？

非金属阀片是随着工程塑料发展而兴起的一类气阀。由于采用的是有较强韧性的非金属材料制作阀片(环)，该类气阀具有金属阀无可比拟的抗杂质性、抗冲击性、抗油黏滞性，具有适应工况范围宽、使用寿命长等优点

10. 什么工况下不宜使用非金属阀？

在腐蚀性较强、压差较大的工况下不宜使用非金属阀，氧压机也不能使用非金属阀。

11. 非金属阀在使用中应注意什么？

(1) 非金属材料有一定的耐温、耐压极限，设计时必须对相应工况进行校核。

(2) 非金属阀一般无法满足采用煤油、水法判断是否泄漏的要求。

(3) 在极少数情况下，非金属阀装机后有短暂的跑合期。在跑合期内，排气温度不要超过非金属材料正常使用温度的上限(其中 RF 的温度上限为 120℃，MT、MC 的温度上限为 170℃，PK、PC 的温度上限为 250℃)。

(4) 存放非金属阀片时，请不要破坏已密封好的塑料袋，远离潮湿环境，水平放置在平整货架上。阀片本身应避

免受重压弯曲变形，存放期应控制在一年以下为宜。

12. 煤油测试气阀泄漏量为何不再普遍适用？

随着技术的发展，新的材料和设计的产生，原先用煤油测试气阀泄漏量已不再普遍适用，因为：

（1）非金属阀片气阀用煤油测定泄漏很有可能出现不合格，但如果通过了气密性测定法，上机运转就没有问题。阀片密封是靠压差实现的，气密性测定法正是模拟了这一工作特点，测试了阀片在有压差存在时对气体的密封能力。

（2）对于一些有特殊结构的气阀而言，如阀片与阀座之间有升程垫片等间隔物，如果采用煤油试漏，气阀中间圈肯定是漏的。

（3）没有一个气阀是绝对无泄漏的，只要泄漏量低于允许值就是合格的。

13. 为什么过量的油润滑可能会影响气阀的工作状态和寿命？

（1）润滑油过多，油黏滞力增加，造成气阀延迟关闭；能耗上升，冲击增大。

（2）过量的油造成液击，损害气阀。

（3）润滑油在高温下结焦和积炭，会使气阀泄漏、阀片断裂。

14. 为什么液击、杂物、粉尘等因素会直接影响到气阀的寿命？

（1）因为液体的不可压缩性，液体在受到压缩时会对气缸和活塞产生冲击，同时也会损坏气阀。

（2）杂物和粉尘等会堵塞槽道和影响阀片的自由运动；同时，也会对气阀造成冲击，使零件损坏。

15. 气阀损坏的几率与运行时间有没有关系？

有关系，通常在开车后的0.5~200h之间最危险。

16. 气阀中最容易损坏的部件是什么？

气阀中最容易损坏的部件是阀片和弹簧等运动部件。

17. 弹簧为什么易断裂？

弹簧断裂的主要原因有：

（1）使用时间超过其设计寿命，正常疲劳断裂。

（2）弹簧材质与弹簧力选择与工况不符。

（3）维修、组装时弹簧没有被正确地安装或弹簧本身有缺陷。

（4）新弹簧与旧弹簧同时装在一个气阀内。

18. 阀片为什么会经常在最外圈发生断裂？

往复式压缩机的脉动气流通过气阀时易使阀片产生倾斜运动，阀片最外圈的冲击速度总是最大，撞击次数也最多，因而也最容易提前损坏。

19. 腐蚀是如何影响气阀寿命的？

腐蚀发生后会影响气阀的：

（1）阀片，其表面腐蚀点直接导致气密性下降，严重的腐蚀将降低阀片强度直接使其损坏。

（2）弹簧，任何程度的腐蚀都直接影响弹簧的强度和工作特性，弹簧相比较于阀片，更宜受到腐蚀侵害。有超过50%以上的阀片损坏的原因是弹簧先失效，然后导致阀片运动失衡，局部冲击过强而损坏。

（3）阀座与阀盖，特别是阀座密封线被腐蚀后，丧失密封性。

20. 气阀的中心螺栓上紧扭矩是否必须遵守？

是的，一个合格的气阀供应商应当给出这一数值要求，上紧及松开都不宜太快，以免产生误差。

21. 活塞的结构有哪几种形式？

(1) 筒形活塞(长度比直径大)：用在没有十字头的压缩机中，其功能的一部分作为十字头。

(2) 盘状活塞(长度比直径小)：用在有十字头的压缩机中。

(3) 级差式活塞：用于串联两个气缸以上的级差式气缸中。

(4) 隔距环的组合式活塞：用于活塞环厚度较大、径较小的气缸中。

(5) 柱塞式活塞：用于高压压缩机中。

22. 活塞杆在制造中采用什么方法来提高耐磨性？

一般情况下，通常采用镀铬、高频淬火及氮化等方法来提高活塞杆的表面硬度，增强耐磨性。

23. 活塞环和支撑环的作用有什么不同？

活塞环用以密封气缸内的高压气体，防止其从活塞和气缸之间的间隙中泄漏。

支撑环对活塞起到支撑和导向作用。严格地说，对于水平布置的气缸而言，支撑环支撑活塞和一半活塞杆的重量，另一半活塞杆的重量由十字头支撑。除直立式迷宫活塞以外的压缩机，都必须有支撑环。

24. 设计活塞环和支撑环时需要考虑哪些因素？

(1)进排气压力；(2)进排气温度；(3)缸径及缸套材料；(4)缸套可能达到的表面质量；(5)缸套表面热处理及镀层情况；(6)活塞材质、重量；(7)活塞外径及槽宽、槽深；(8)活塞杆重量；(9)压缩机转速、行程；(10)气体成分、排气量；(11)气缸有油或无油润滑；(12)气缸冷却方式；(13)气缸布置形式。

25. 非金属支撑环的设计应注意哪些因素？

(1) 在无油润滑结构中，非金属支撑环所承受的比压不得大于0.035MPa。该值是用整个活塞组件的重量加上活塞杆一半的重量，在除以所有支撑环120°的投影面积而得到的。

(2) 在有油润滑结构中，根据相同准则，支撑环所承受的比压不得大于0.07MPa。

26. 活塞环和支撑环在安装过程中有什么要求？

(1) 活塞环和支撑环安装时，应核对轴向间隙。

(2) 应小心避免用力过度造成折断。

(3) 应事先仔细清理气缸内的杂质、粉尘。

(4) 多个活塞环安装时，各环的切口必须相互错开。

(5) 两瓣或多瓣结构的活塞环安装时，应一组一组安装，并注意每组环各瓣的组合顺序，“1”对“1”或“.”对“.”。

(6) 整环结构的支承环安装应采用加热的方法，必须准备专用的过渡筒、助推环和橡胶锤，2~3人配合操作，以防止折断或安装不到位。安装后环与活塞槽底径之间应无松动。

27. 活塞杆填料环的作用是什么？

活塞杆填料环主要用来密封气缸座与活塞杆之间的间隙，阻止气体沿活塞杆方向泄漏。

28. 活塞的对中及活塞杆的径向跳动有何影响？

活塞的对中不好或活塞杆的径向跳动值过大会造成活塞

环和填料环的偏磨，使泄漏量增大，缩短使用寿命。

29. 设计活塞杆填料环需要考虑哪些因素?

(1)进排气压力；(2)进排气温度；(3)活塞杆直径；(4)活塞杆材质及表面粗糙度；(5)活塞杆表面热处理及镀层情况；(6)压缩机转速、行程；(7)气体成分、排气量；(8)气缸有油、无油润滑；(9)填料盒结构及形式。

30. 活塞杆填料环在安装过程中有什么要求?

(1) 活塞杆填料环多为三瓣结构(也有六瓣等其他形式)，在制造过程中是由一整块切割而成的，切割前做有标记，配对时，应“1”对“1”、“2”对“2”或“.”对“.”。

(2) 单作用环组有一个径向切口环和一个切向切口环组成，装入填料盒时应注意，径向切口环必须朝向高压侧。

(3) 填料环有标记的一侧应朝向高压侧。

(4) 带阻流环的单作用环组，应区分高压侧的径向切口环和低压侧的阻流环。

31. 活塞杆填料环的“三个间隙”及重要性?

(1) 轴向间隙：保证填料环在环槽中能自由浮动，否则将无法正常工作。

(2) 径向间隙：防止由于活塞杆的下沉使填料环受压，避免变形或损坏。

(3) 切口间隙：用于补偿填料环的磨损。

32. 介质变化对活塞环与填料环有哪些影响?

(1) 活塞环与填料环的材料选取很大程度上取决于气体介质。如介质发生大的变化，活塞环与填料环也应重新设计。

(2) 介质的干、湿状态决定了活塞环与填料环的选材。

通常湿的介质会影响非金属材料的着床，对磨屑有冲刷作用，加速磨损。但是极干的介质也会造成磨损率的提高，对于这两种情况都应选用高耐磨、高硬度的材料。

（3）介质中如果含有杂质，将会破坏非金属的着床，而且杂质本身也会加速非金属材料的磨损，并且使泄漏增大，还可能刮伤镜面，造成更大的损失。

（4）压缩机前置的气体干燥、过滤器的性能好坏将影响活塞环与填料的使用效果与使用寿命。

（5）中间冷却器的温度应加以控制，要高于介质的冷凝温度，以防止介质中有大量冷凝液析出，影响活塞环与填料环的工作。

33. 工作表面对活塞环和填料环有何影响？

工作表面相对粗糙会加速活塞环和填料环的磨损；工作表面过于致密（比如镀铬、镀陶瓷表面），会使非金属材料无法完成着床镀膜过程，影响正常工作。确切了解缸套、活塞杆的表面处理情况是正确选择活塞环、填料环材质的前提条件。

（1）尽量不要采用镀铬、陶瓷或其他有致密镀层的表面；

（2）应采用常见的高频淬火、表面渗氮等处理方式；

（3）如已采用镀层，必须在设计时告之具体的镀层形式，以便改用特殊的材料。

34. 为什么活塞环工作一段时间后会形成偏磨？

（1）活塞与气缸不同心。

（2）气缸的椭圆度过大。

（3）活塞在活塞槽里的侧面间隙过小，使活塞环因热膨胀卡在槽内，无法自由地找中心而导致偏磨。

（4）活塞环本身刚度或弹性不均匀，或组织不均匀导致材质热膨胀不一致而偏磨。

35. 活塞杆填料环的寿命一致吗？能否实现寿命的同步性？

实践表明，传统形式的填料环组，大部分压力由填料盒中靠近气缸的第一组环封住，因而相对于其他环组，第一组环的磨损量最大，寿命最短，活塞杆填料环的寿命无法保持一致。

目前已研制出新型的压力平衡式填料环组 BOT 填料环，它是在传统的径向环和切向环组基础上发展而来的。其径向环采用阶梯形式，使原来切向环承受的部分径向压力负荷由径向环来分担；同时，径向环上还带有压力平衡槽，使该环仅仅起到支承作用，不形成密封，类似于活塞上的“支承环”。

BOT 填料环的特点主要有：

（1）各环组承受的负荷相对均匀，每个环组的磨损较小且磨损量相对均匀，可以实现寿命的同步性；

（2）产生的摩擦热远小于传统型式的填料环；

（3）降低活塞杆表面工作温度，延长活塞杆使用寿命；

（4）减少能耗，提高压缩机效率。

36. 填料盒在安装过程中有什么要求？

（1）安装前，须检查填料盒安装孔内是否干净无杂物，末端密封面是否光洁、平整，是否与压缩机的轴线垂直。

（2）如果因安装空间尺寸有限，必须拆开填料盒进行分体安装，安装时应保证环槽的硬密封面不受损、不受污染。

（3）安装时，填料盒的末端密封垫片不能遗忘，并保证有足够的预压，否则会造成泄漏。

（4）安装后，应检查填料盒上润滑、冷却、保护气、漏气回收等连接管线是否能有效连接，并确认这些管道中无杂物。

37. 有油/无油润滑对活塞环与填料环有哪些影响？

有油/无油润滑的活塞环与填料环选材是不一样的，无油工况要求材料具有更高的耐磨性。

（1）压缩机有油润滑改为无油润滑时，活塞环与填料环也需相应进行改造。

（2）应尽量避免压缩机间歇性注油。因为有油与无油润滑的情况下非金属材料的磨损机理是不一样的。间歇性注油，将使非金属材质的环无法正常工作，从而影响环的使用寿命。

38. 无水填料盒的工作原理是什么？

对于一些高温、高压工况或高转速的压缩机，填料盒通常需要水冷却，及时排走填料盒内的热量，保证填料环的正常工作。但是，某些情况下水冷却会带来负面影响：

（1）水循环的设置给填料盒的设计、制造带来困难；

（2）冷却水与工作介质易发生相互污染，影响压缩机的正常工作；

（3）易发生腐蚀，给填料盒的维修再利用带来影响；

（4）循环水质差，易造成堵塞；

（5）对于某些压缩机高压级，尺寸小，没有布置空间。

最新设计的无水冷却填料盒，在填料盒外设置导热套筒，通过特殊螺纹结构的调节，使其与压缩机上填料盒安装孔的内壁相吻合，达到金属与金属的接触，增强散热。这种设计形成了一个填料盒到压缩机机体之间直接的热传递通道，把高压气体带来的热量以及填料环工作产生的热量直接传递到机体外，从而保证填料环的正常工作。

39. 无水冷却填料盒的主要优点有哪些?

(1) 填料盒材质为锡青铜，导热性好(也可改其他材料)，可以降低活塞杆表面工作温度，延长填料环使用寿命；

(2) 与BOT压力平衡填料环配套使用，摩擦产生热量少，填料环的磨损小；

(3) 尤其适合高压级，适合需要冷却水却没有布置空间的场合；

(4) 用金属与金属接触达到散热效果，不需要冷却水，避免了冷却水受污染的问题；

(5) 减少填料盒上连接的管线、接头及过滤设备；

(6) 易于对现有的压缩机改造；

(7) 填料盒易于维修翻新；

(8) 也适于空冷压缩机。

40. 填料盒用久以后对填料环有什么影响?

填料盒是可以反复使用的，但填料盒用久以后，填料盒内会有积垢和腐蚀，必须进行清除、修整。填料盒的每个环槽端面也会磨损，必须重新研磨。

(1) 环槽端面的磨损会改变环的轴向间隙。

(2) 环槽端面的多次研磨，会改变填料盒的总长度。

(3) 环槽端面磨损后，应重新设计计算填料环的尺寸，使轴向间隙恢复到正常数值。

(4) 填料盒总长度过多减小后不能再使用，但可以采用维修、更换或增加环槽的方法延续填料盒的使用寿命(填料环也需相应调整)。

41. 刮油环的作用是什么?

(1) 减少润滑油的泄漏量。

(2) 对于氧压机和氯气压缩机，防止灾难发生。

(3) 对于有无油要求的气体，可防止气体被污染。

(4) 当曲轴箱润滑油与气缸润滑油品质不同时，防止气缸润滑油受污染诱发故障。

(5) 气缸无油润滑压缩机的润滑油泄漏还会导致活塞环和活塞杆填料环的过早磨损。

42. 设计刮油环需要考虑哪些因素?

(1) 油环和盒的结构和形式。

(2) 活塞杆的直径。

(3) 活塞杆的材质和表面质量。

43. 刮油环在安装过程中有什么要求?

(1) 刮油环的安装应保证其刮油刀口朝向曲轴箱来油的方向。

(2) 应检查刮油环盒的回油孔位置是否正确，以保证被刮下的润滑油能够正常地回流到曲轴箱或回收。

(3) 刮油环在工作条件下要能正常浮动。

44. 常用的非金属密封材料有哪些?

(1)PTFF-填充聚四氟乙烯；(2)PPS-聚苯硫醚；(3)PEEK-聚醚醚酮；(4)酚醛树脂。

45. 为了避免重大安全事故，密封产品在设计使用中应注意哪些问题?

(1) 对于末端杯槽进入气缸阀窝的填料盒，应特别重视该杯槽伸入阀窝部分的长度。

(2) 用于氧气压缩机的密封产品如未做除油脱脂处理即

安装，将产生爆炸的危险。

(3) 氧气压缩机若存在刮油环漏油现象，油进入填料盒或气缸内与氧气接触，会引起爆炸。

(4) 氯气、氯甲烷、硫化氢等有毒气体在填料盒设计时如未考虑正确的泄漏气体排放和回收系统，尤其是没有充分考虑原设计的不合理之处，改造时未做结构改进，会致使现场操作不当而发生人员中毒。

46. 为什么密封部件要进行开机磨合？

(1) 非金属活塞环和填料环都有一个着床磨合过程。磨合过程中，非金属渗入到金属工作面形成镀膜，使正常工作时非金属环的磨损率大大下降，以保证数千小时的使用寿命。

(2) 压缩机开机磨合过程的好坏，将直接影响活塞环与填料环正常运行时的效果和寿命，应加以重视。

(3) 磨合分空车磨合和逐步升压磨合两个阶段，通常PTFE 环的空车磨合为几个小时。升压磨合过程中应检查气体排温、冷却液流量、润滑情况以及泄漏情况，每一步正常后再进行下一步。

(4) 如填料环中有金属环存在，磨合过程可能需要几十个小时，千万别图省事减少磨合时间。

47. 什么是电液气量调节系统？它的作用是什么？

目前在石油化工工业中有不少大功率(功率 500kW 以上)压缩机气量因工艺要求经常需要调节，或者常年在大幅低于设计排量的情况下工作。长期以来，常用的方法一直都是靠打回流等方法来调节，造成能源大量的浪费。目前专门为往复式压缩机开发出的液压式无级气量调节系统，这一技术从根本上改变传统进气阀靠阀片两侧压差控制气阀启闭的状态，而使之成为时时受液压装置控制的受控阀。它的主要作用是通过计算机即时处理压缩机运行过程中的状态数据，并将信号反馈至执行机构内的电子模块，通过液压执行机械来实时控制进气阀的开启与关闭时间，实现压缩机排气量0~100%全行程范围无级调节。气量调节系统，可以使气量调节变得操作简单、维护简易，使压缩机更有效地运行，并可以大量节约能源及资金。

48. 电液气量调节系统的基本原理是什么？控制速度和精度如何？

气量调节系统是利用了压缩机的“回流省功”原理，如图2-1所示，在压缩机的活塞往复运动中，当气缸进气终了时，进气阀的阀片在执行机械作用下仍被卸荷器强制地保持开启状态，压缩过程并不沿原压缩曲线由位置 *C* 到位置 *D*，而是先由位置 *C* 到达位置 *Cr*，此时原吸入气缸中的部分气体经被顶开的进气阀回流到进气管而不被压缩；待活塞运动到特定的位置 *Cr*（对应所要求的气量）时，执行机械使顶开进气阀片的强制外力消失，进气阀阀片回复到阀座上而关闭，气缸内剩余的气体开始被压缩，压缩过程开始沿着位置

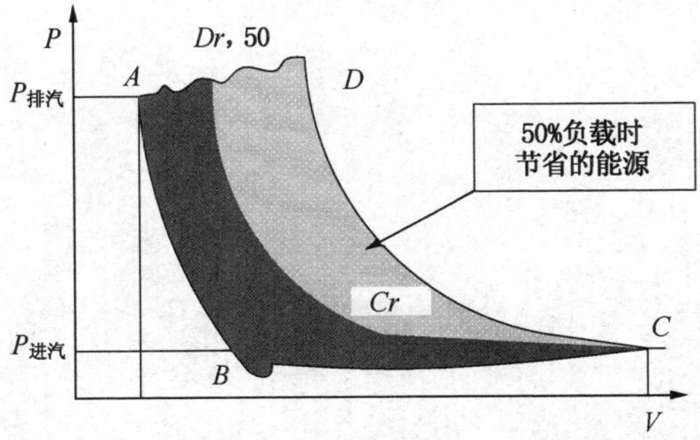

图2-1 压缩机的“回流省功”原理图

Cr 到达位置 *Dr*。气体达到额定排气压力后从排气阀排出，容积流量减少。这种调节方法的优点是压缩机的指示功消耗与实际容积流量成正比，是一种简单高效的压缩机流量调节方式。气量调节系统在最大限度节省能源的同时，还拥有极高的控制动态特性。控制信号拾取后，一般在曲轴转过三圈后即能达到预设的控制要求。根据不同的控制要求和设计，气量调节系统可精确控制压缩机各级的状态参数，如压力、流量等，以及其他工艺系统参数。

49. 电液气量调节系统具有哪些控制特点?

气量调节系统能够做到：

(1) 精确控制压缩机的各级工艺参数，如流量、压力等，满足工艺流程的需要；

(2) 仅需压缩工艺流程实际需要的气量，最大限度地节省能源；如一台轴功率为 2000kW 的压缩机，常年需打 40% 回流来调节气量，通过装备电液气量调节系统可节省约 300 万元/年；

(3) 有效降低压缩机的实际负荷，大大增加压缩机的可靠性和使用寿命。

第三章　往复压缩机的故障处理

往复式压缩机各级之间的相互影响较大，某一级的某一参数，如温度或压力的特别异常与很多因素有关，因而其他级的温度和压力也有不同的异常反映。在寻找故障或问题时，应综合分析温度、压力和流量及其相互间的关系。下面所涉及的缺陷，很多情况下不是单独产生的，正因为如此，一些答案也是对主题的直接简单回答。读者在考虑问题时，如果结合某一缺陷会引起哪些参数变化，则效果更好。

1. 一级吸气压力异常上升是什么原因(指可能的原因，下同)?

(1) 由于一级吸、排气阀不良，吸气不足而造成，或活塞环处泄漏过大，造成一级实际能力下降，应进行修复或更换部件。

(2) 高压气体窜入吸气管线，吸气管线异常。应彻底关闭好旁通阀，按检查程序排除原因，注意防止过载。

2. 中间级吸气压力异常上升是什么原因?

(1) 因中间级吸、排气阀不良，吸气不足而造成，应进行修复或更换部件。

(2) 本中间级活塞环泄漏气体过多，使吸气量不足。

(3) 前冷却器效果不好，气体温度高，应确保冷却水量，清洗冷却器里的污垢。

3. 一级排气压力异常上升是什么原因?

(1) 二级吸、排气阀不良，二级能力下降，一、二级间管线阻力大，应拆除增加管线阻力的部件，对气阀进行修复或更换部件。

(2) 进气温度异常低，或进气压力高，或一级出口冷却器效率低。应按检查程序排除原因，确保冷却水量，并清洗冷却器。

4. 中间级排气压力异常上升是什么原因？

该级出口冷却器效率低，下一级吸、排气阀、活塞环密封不良，吸气不足及管线阻力大。应注意防止过载，拆除阻力部件，对气阀进行修复或更换部件，检查清洗管线。

5. 一级吸气压力异常低是什么原因？

(1) 因吸气管线阻力大而引起，应进行检查与清洗管线。

(2) 入口过滤器不清洁，或有杂物堵塞，应清洗过滤器。

6. 中间级吸气压力异常低是什么原因？

前一级工作能力下降或排出的气体从放泄阀、旁通阀向机外漏气，并且前一级管线阻力大。应找出泄漏部位，制止泄漏；把放泄阀、旁通阀完全关严，检查并且清洗管线。

7. 一级排气压力异常低是什么原因？

(1) 进气管线阻力大，一级吸排气阀不良，造成排气不足。应修复或更换部件，检查和清洗管线，开启吸气阀。

(2) 一级吸入气温高或一级活塞环泄漏气体过多，应修整气缸镜面。

(3) 放泄阀、旁通阀漏气。应把放泄阀、旁通阀全部关严。

8. 中间级排气压力异常低是什么原因？

在下一级吸气前气体向机外泄漏。应找出泄漏部位，防止继续泄漏。

9. 排气压力异常高是什么原因?

吸入气温度过低或排气管道、阀门阻力太大，应检查管道和阀门，并全开排气阀，进行过程检查。在多级压缩中，如果是下一级的吸排气阀不良而引起的，应检查处理下一级吸排气阀。

10. 一级吸气温度异常升高是什么原因?

(1) 一级吸气阀关闭不严产生逆流，使一级吸气管线受热。应修复或更换部件，移开接近吸气管线的高温机器(如果有的话)。

(2) 吸气温度超过规定值，应检查工艺程序。

(3) 气缸或冷却器效果不良，应增加冷却器的水量，使冷却水畅通无阻。

11. 中间级吸气温度异常升高是什么原因?

(1) 该级吸气阀关闭不严产生逆流，应修复或更换部件。

(2) 前一级冷却器冷却效果不好，应确保冷却水量的供应并清洗冷却器。

12. 一级排气温度异常低是什么原因?

一级吸入压力低或一级吸气阀不良、产生过大逆流以致不排气；或排气压力异常低，应修复或更换部件。

13. 中间级排气温度异常低是什么原因?

吸入压力低或吸入气阀有问题，以致不排气或排气压力低。

14. 中间级排气温度异常高是什么原因?

(1) 前冷却器效率低，应确保冷却水量，清洗冷却器。

（2）该级冷却器效率低，压力上升，应确保冷却水量，清洗冷却器。

（3）因排气阀不良或活塞密封有问题，产生逆流，应修复或更换部件。

（4）因下一级吸气阀不良，排气压力上升，应修复或更换部件。

（5）连接下一级气缸的管线阻力大，应进行检查与清洗管线。

15. 吸、排气阀不良是什么原因？

（1）阀片破损，要更换阀片。

（2）阀片变形，要进行修复或更换阀片。

（3）阀座面不好，应进行机械加工或重新研磨处理。

（4）夹杂物附在阀上，应进行清洗，排除夹杂物的来源。

（5）阀片在升程限制器导向机构中运动受阻，要排除阻碍阀片正常运动的因素。

（6）阀簧磨损，应重新更换阀簧。

（7）阀安装不良，要彻底紧固。

（8）阀安装面密封不良，要重新研配，更换垫片。

（9）阀贴合不严，要彻底贴合。

16. 气量显著降低是什么原因？

（1）吸气阀故障。

（2）排气阀故障。

（3）在安装时，吸气阀和排气阀装反，应重新正确装配。

（4）吸入压力过低或排出压力过高。

（5）活塞环在活塞槽内被咬住，应进行清洗或换上新活塞环。

(6) 活塞与气缸壁的间隙过大，应更换活塞环并加以调整。

17. 怎样判别各级气阀有故障?

当一级入口气阀有故障时，一级出口压力降低，其他各级也受到降压的影响。判别哪一个气阀有故障，可以用测量气阀盖上的温度来识别。因为气阀发生故障时，温度升高。此外，还可以用金属棒(听音器)察听来识别，如果气阀漏气严重，还会发出吱吱的声音。二、三级入口气阀发生故障时，可借助下一级压力升高来判别。

18. 为什么压缩机各级排出系统必须设置安全阀?

在压缩机的各级排出系统上必须设置安全阀，以防止由于内部压力过分升高而造成事故。在压缩中，不管哪一级气阀有问题，都会造成上一级的压力超高。由于每级的气缸或其他容器管线所承受的压力是通过计算设计而成的，每级的压力超过设计规定范围就会把气缸容器等部件损坏，严重时可造成爆炸等重大事故。

为了使安全阀在设备运行中起到应有的作用，必须注意以下几点:

(1) 压缩机在每次大修中，不管安全阀的工作好坏，泄漏与否，必须进行检查清洗，重新定压，予以铅封。

(2) 安全阀定压前必须按 1.5 倍的公称压力进行水压试验，并用公称压力进行密封性试验，以及在工作压力范围内进行灵敏度的试验(灵敏度试验在有条件的情况下必须在所使用的同类机器上进行)。

(3) 对安全阀的灵敏度，要求上限值为主，下限值为次。如果不能同时予以保证，就必须确保上限值不得超过规定范围。

19. 为什么介质为易燃易爆的压缩机在检修前和检修后(开工或停机时间过久)要用氮气置换?

工质为易燃易爆的压缩机在检修前要在气缸和出入口处使用氮气置换，以彻底驱走残留在气缸与管线中易燃易爆的气体，防止在拆装时易燃易爆气体由于压缩机零部件碰出火花而发生着火和爆炸。

检修后压缩机气缸内和管线中充满了空气，可燃性气体与空气混合后在试压或开车时，由于压力升高到一定程度会引起自然爆炸。所以压缩机开车前一定要用氮气置换。

20. 轴瓦(承)过热是什么原因?

(1) 轴瓦与轴颈贴合不均匀、卡帮或间隙过小，要用涂色法刮研或检查调整轴瓦间隙。

(2) 轴承偏斜或轴弯曲，要适当调整配合间隙或矫正轴。

(3) 润滑油供给不足。

(4) 油质太脏或变质，或有其他杂质进入轴承，应更换新油并且进行过滤。

21. 活塞杆过热是什么原因?

(1) 活塞杆与填料盒有偏斜，造成局部金属摩擦，进行调整。

(2) 填料环的抱紧弹簧过紧，摩擦力大，应适当调整。

(3) 填料环轴向间隙过小，应按规定要求调整轴向间隙。

(4) 给油量不足，应适当增大油量。

(5) 活塞杆与填料环磨合不良，应在配研同时加压磨合。

(6) 气和油中混入夹杂物，应进行清洗并保持干净。

(7) 活塞杆表面粗糙，应重新磨杆，超精加工。

22. 刮油环漏油是什么原因？

(1) 刮油环刃口不好或其内径与活塞杆的外径之间接触不好，使润滑油从刮油环和活塞杆之间的空隙中流出来。因此，刮油环的内径与活塞杆的外径必须进行着色研磨，直到接触面达 80%以上为宜。

(2) 刮油环端面间隙过大，要适当调整间隙。间隙一般在 0.06~0.10mm 为宜。

(3) 刮油环的抱紧弹簧过松。因刮油环安装在活塞杆上要有一定紧力，使活塞杆在往复行程中与刮油环互相贴在一起，绝不允许有空隙，防止润滑油漏出。

(4) 活塞杆磨损或呈椭圆及有深沟，应进行修复或更换新轴。

23. 气缸过热是什么原因？

(1) 冷却水供应不足，要适当加大冷却水的供应量。

(2) 气缸润滑油不足或润滑油中断，应适当调节油量。

(3) 气缸与十字头滑道不同心，造成活塞与缸壁摩擦，在调好同心度后方可使用。

(4) 出、入气阀故障，如阀片卡住、断裂等，应进行处理或更换部件。

(5) 活塞环窜气，如活塞环与气缸接触不好或活塞环过度磨损或断裂等，应进行镗缸或更换新的活塞环。

(6) 由于脏物带进缸内使气缸光滑面拉毛，应进行镗缸或更换。

24. 传动机构撞击是什么原因？

(1) 连杆大头瓦松动或间隙太大，要进行检查，采取措施。

(2) 十字头与活塞连接松动，检查紧固活塞杆及背帽。

(3) 活塞与活塞杆紧固螺母松动，应检查紧固。

(4) 十字头瓦(衬套)间隙过大，应进行调整或更换。

(5) 可能存在液击。

25. 气缸发出撞击声是什么原因?

(1) 活塞或活塞环磨损，应处理或更换。

(2) 活塞与气缸间隙过大。

(3) 曲轴连杆机构与气缸的中心不一致，应按要求规定找好同心度。

(4) 气缸余隙容积过小，应适当调整余隙容积；如果是活缸套，存在定位不好，松动。

(5) 活塞杆弯曲或连接螺母松动，应进行修复或更换活塞杆，并拧紧连接螺母。

(6) 润滑油过多或污垢会使活塞与气缸的磨损加大，要适当调整供油量或更换润滑油。

(7) 吸、排气阀断裂或阀盖顶丝松动，应进行修复或更换。

(8) 可能存在轻微液击。

26. 气缸内发出突然冲击声是什么原因?

(1) 气缸中掉入金属碎块或其他坚硬的物体，要及时停车检查。如果气缸、气缸端盖及活塞受到损伤，应立即修复。

(2) 气缸中积液，要检查积液的原因，并进行修复，重新打压，以水压1.5倍在5min内不渗漏为准。

27. 吸、排气阀发出敲击声是什么原因?

(1) 阀片折断，应更换新的阀片。

（2）弹簧松软或折断，应更换适当强度的弹簧。

（3）阀座深入气缸与活塞相碰，应加垫片使阀座升高。

（4）气阀在装配时顶丝松动。

（5）气阀的紧固螺栓松动。

（6）阀片的起落高度太大。

28. 曲轴箱发出严重的敲击声是什么原因？

曲轴箱发出严重的敲击声，会出现机件损坏等重大事故，其可能的原因如下：

（1）断油或油量过小，使滑块发热、拉毛，最终烧坏。

（2）十字头销轴与衬套磨损，使之间隙过大。

（3）曲轴瓦断油或过紧引起发热，以致烧坏。

（4）主轴瓦间隙太大。

（5）曲轴箱内主轴瓦螺栓、连杆、大头瓦螺帽、十字头螺丝等松动或折断，开口销脱落等。

（6）十字头滑板与滑道之间的间隙过大，以及导板本身松动也会发出响声。

29. 飞轮发出敲击声是什么原因？

（1）配合不好，斜度不对或没有紧固。应进行修复刮研。

（2）连接键松动，要注意使键的两侧紧紧地贴合在键槽上。

30. 曲轴裂纹或折断是什么原因？

（1）除了材料和制造上存在的问题外，轴承过热引起轴瓦上的巴氏合金熔化，使曲轴产生弯曲变形。

（2）曲轴在轴承上安装不当，使曲轴和轴瓦的支承面贴合不均匀。

（3）剧裂冲击、紧急带压停车或基础不均匀下沉等，也会引起曲轴裂纹或折断。

31. 连杆螺栓断裂是什么原因?

(1) 螺栓紧力太小，引起疲劳强度降低(许多疲劳断裂是由于这个问题而产生的)。

(2) 装配时螺栓的预紧力过大，连杆螺栓因承受过大的预紧力而被拉断。

(3) 紧固时产生偏斜，使连杆螺栓因承受不均匀的载荷而被拉断，应使连杆螺帽的端面与连杆体上的接触面紧密配合，必要时可用涂色法进行检查。

(4) 连杆螺帽松动或轴瓦在轴承座上晃动，连杆螺栓因受过大的冲击而被拉断。当连杆螺栓装配好后，必须穿上开口销以防止松动(退扣)。注意：如果螺帽孔与螺栓孔对不正时，决不能过力紧固螺帽或松退螺帽来调整位置。

(5) 连杆轴承过热、活塞环卡住或超负荷运转时，连杆螺栓因承受过大的应力而被拉断。在检查轴承过热、活塞、活塞环或超负荷运转的同时，应检查连杆螺栓有无损伤。

(6) 轴承的间隙过大，经过长时间冲击振动，因承受长期疲劳载荷而断裂，应更换连杆螺栓。

32. 活塞卡住或咬住是什么原因?

(1) 对于有油润滑的压缩机，润滑油质量低劣或供应中断，使活塞在气缸中的摩擦加大而卡住。应选择适当的润滑油，并注意润滑油的供应情况。

(2) 冷却水供应不充分或在气缸过热之后进行强烈地冷却，引起气缸急剧收缩。

(3) 曲轴连杆机构偏斜，使个别活塞摩擦不正常，引起过分发热而咬住，应调整曲轴连杆机构的同心度。

(4) 气缸与活塞的间隙过小或气缸内掉入金属碎块及其

他坚硬物体，应调整装配间隙或从气缸内取出金属碎块及其他坚硬物体。

33. 连杆大头瓦过热和异响是什么原因？

（1）连杆大头瓦的径向间隙不符合标准；

（2）连杆大头瓦的轴向间隙不符合标准；

（3）轴瓦存在不正常的松动；

（4）连杆大头瓦润滑不良。

34. 连杆小头瓦过热和异响是什么原因？

（1）连杆小头瓦的径向间隙不符合标准；

（2）连杆小头瓦的轴向间隙不符合标准；

（3）连杆装配偏斜；

（4）轴瓦存在不正常的运动；

（5）连杆小头瓦润滑不良。

35. 压缩机的运动部件有异响是什么原因？

（1）连杆螺栓、轴承盖螺栓及十字头螺母松动或断裂，要进行紧固或更换部件。

（2）主轴承连杆大小头瓦、十字头滑道等间隙过大，应进行检查调整间隙。

（3）各轴瓦与轴承座接触不良或有间隙，应进行检查刮研轴瓦瓦背的接触，消除间隙并保持一定紧力。

（4）曲轴与联轴器配合松动，应检查处理。

36. 气缸部分异常振动是什么原因？

（1）支承不良，应支承良好。

（2）填料、托瓦或活塞环异常磨损，轴向间隙大，应更换部件。

（3）管线强制振动，应加强管线支承。

（4）气缸内侵入夹杂物或液体，排除夹杂物。

（5）气缸与十字头滑道的同心度不正，应重找同心度。

（6）缸套定位不好或其他；连接部位存在松动。

（7）气阀工作状态不好等。

37. 机身异常振动是什么原因？

（1）轴瓦十字头滑板间隙过大，应调整轴瓦十字头滑板间隙或更换部件。

（2）气缸部分异常振动。

（3）各部机械结合不良，应彻底紧固地脚螺栓。

38. 机体部分发生不正常的振动是什么原因？

（1）各轴承、十字头销及滑道间隙过大，应调整各部间隙。

（2）由气缸振动引起，应检查活塞与气缸的余隙或活塞杆背帽是否松动，缸内是否积液或存有其他异物等。

（3）各部件接合不好，应进行检查调整。

（4）气缸与十字头滑道不同心，活塞在行程中造成磨缸和机身振动，应进行检查，调整气缸与滑道的同心度。

（5）连接气缸的吸排气管线“别劲”，应重新装配处理。

39. 管线异常振动是什么原因？

（1）固定松动，应拧紧螺栓，制止松动或更换紧固方法。

（2）支承件不足，应补充支架。

（3）因压力脉动引起共振，可插入喷嘴来减轻共振力。

（4）管线固定因膨胀被破坏，应考虑管线热膨胀方向，重新调整固定件位置。

（5）管架振动大，应加固管架。

40. 新安装的压缩机为什么会发生基座振动?

(1) 垫铁与基础、机座不平、不实。因此垫铁与基础、机座在安装中必须要做到"三平""三实"(三平是:垫铁与基础平,垫铁与垫铁平,垫铁与机座平;三实是垫铁与基础实,垫铁与垫铁实,垫铁与机座实),主机水平找好后,要当即用电焊将垫铁焊死,连成整体。

(2) 垫铁垫得过高、过多。一般垫铁不超过三块,如果垫铁过多、过高,就会产生振动。

(3) 基础与机座的二次灌浆不实。为了使基础与机座的二次灌浆质量可靠,最好采用一种无垫铁的安装方法,用顶丝找平,然后用膨胀水泥进行二次灌浆和抹面。

(4) 压缩机本身过高的振动影响。

第四章 压缩机维护检修

1. 主轴颈中心线与曲轴颈中心线不平行度不准超过多少?

主轴颈中心线应与曲轴颈中心线平行，其不平行度不准超过 0.20~0.30mm/m。

2. 曲轴安装水平误差不准超过多少?

曲轴安装水平误差应小于 0.1mm/m。曲轴中心线与气缸中心线应垂直，其偏差不得超过 0.15mm/m。

3. 曲轴的弯曲及曲臂距差最大不准超过多少?

(1) 曲轴最大弯曲应小于 0.05mm/m。

(2) 曲轴的臂距差值不应超过表 4-1 规定。

表 4-1

mm

曲轴半径	臂距差	曲轴半径	臂距差
200	0.02	300	0.05
250	0.03	>300	0.06

4. 轴颈的椭圆度和锥度的安装允许值和最大磨损极限不准超过多少?

轴颈的椭圆度和锥度的安装允许值和最大磨损极限不得超过表 4-2 规定。

表 4-2 mm

轴颈直径	安装允许值				最大磨损允许值			
	主轴颈		曲轴颈		主轴颈		曲轴颈	
	椭圆度	锥　度	椭圆度	锥　度	椭圆度	锥　度	椭圆度	锥　度
≤80	0.02	0.02	0.02	0.02	0.05	0.04	0.05	0.04
80~170	0.02	0.02	0.02	0.02	0.06	0.05	0.06	0.05
180~269	0.03	0.03	0.03	0.03	0.08	0.08	0.08	0.08
270~359	0.05	0.05	0.05	0.05	0.12	0.12	0.12	0.12
360~449	0.07	0.07	0.07	0.07	0.13	0.13	0.13	0.13
450~550	0.09	0.09	0.09	0.09	0.14	0.14	0.14	0.14

5. 轴瓦瓦背与瓦座(瓦窝)的配合有哪些要求?

(1) 轴瓦与轴瓦座的配合是指轴瓦瓦背与轴瓦瓦窝的配合。轴瓦与轴瓦瓦窝的配合是一项很重要的基础工作，关系到轴瓦使用寿命长短的大问题。因此，在研瓦之前必须保证轴瓦与轴瓦瓦窝接触面没有翘角并且接触均匀，更不容许有间隙。所以一般轴瓦与轴瓦瓦窝配合面都要刮研，通过刮研达到规定的接触面积。

(2) 如果轴瓦的外径过大，将外径过大的轴瓦强制压入轴瓦瓦窝内，会使轴瓦和瓦盖变形。对于配合尺寸相差不太大或接触不好者可经过刮、锉等办法处理。如果瓦外径尺寸超过标准太大，应先车削而后刮研接触。

(3) 如果轴瓦外径小于标准尺寸，当轴转动时轴瓦在轴瓦座内产生颤动，不仅对运行中的机件危害很大，而且轴承合金会提前疲劳驳裂。遇到这种情况，可以通过补焊轴瓦外径的办法处理，但是在一般情况下都是更换新轴瓦。

(4) 由于轴瓦与轴瓦瓦窝配合不好，会造成机械运行时振动。所以对轴瓦与轴瓦瓦窝的配合提出了要求，对于下瓦与轴瓦瓦窝之间的接触面积不得小于60%~75%，对于上瓦与轴瓦瓦窝的接触面积不得小于50%~70%。大直径轴瓦取小范围值，小直径轴瓦取大范围值。

（5）轴瓦与轴瓦瓦窝的配合常采用带有不大的过盈配合（一般为0.00~0.05mm）。装配时，可在轴瓦的中分面上垫软垫（如木板、铅皮等），然后用手锤将轴瓦打入轴瓦瓦窝内，如采用专用工具取装轴瓦更好。

6. 轴颈与轴瓦的接触角及接触点应留多大为标准？

对往复式压缩机轴瓦的接触角度采用70°~90°为好。因为往复式压缩机受力不均匀、冲击力大，如果轴瓦接触角度太小，会使轴瓦的受压强度增大，使轴瓦产生变形，同时又加快了轴瓦的磨损，从而缩短轴瓦的使用寿命；如果接触角太大，又会影响油膜的形成，得不到良好的润滑，这样一来也会增加摩擦力，对设备的运转起不良的影响。

一般轴瓦受压范围是在120°以内，当轴瓦磨损到这一角度时，就要开始破坏液体摩擦，也就是要发生半干摩擦和干摩擦，这时轴瓦磨损很快。因此，在不影响轴瓦变形强度的条件下，轴瓦的接触角度应尽量减少。

轴瓦的接触点是指轴颈与轴瓦表面上的实际接触情况，以每平方厘米的面积上有多少个接触点来计算，一般要求轴瓦接触点为2~3点/cm^2。

7. 主轴瓦的径向间隙和侧部间隙应留多大为合适？

主轴瓦应有合适的径向间隙，当间隙过小时，容易发生烧瓦和抱轴等事故；当间隙过大时，容易产生撞击并且发生油流散失、瓦衬震裂等事故；当间隙不均匀时，将发生过热偏磨、烧瓦和抱轴等故障。

一般主轴瓦的径向间隙经验公式为：

$$径向间隙 = (0.08\% \sim 0.1\%)D$$

式中　D——主轴颈直径，mm。

对于组合式轴承，式中所得数值即指上瓦间隙，侧瓦间隙约为上瓦间隙的1/2。在对置式压缩机中，为了便于维护检修，通常将主轴颈和曲轴颈设计为同一尺寸，使用同样的薄壁瓦。其径向间隙也可按上式计算。

8. 怎样检测和调整主轴瓦间隙？

（1）塞尺检测法：用塞尺从上瓦的两侧插入检测。

（2）测量法：在曲轴吊出后安装好瓦，测量瓦的上下方向直径和轴颈处的直径。

（3）压铅法：将上瓦盖及上瓦拆下，在主轴、颈两边的瓦上放置铅丝，然后装上上瓦及瓦盖，均匀对称地拧紧，随即拆下上瓦盖和上瓦，取出压扁的铅丝，用卡尺检测其厚度，就可算出实际的轴瓦顶间隙。

为了达到合适的间隙，必须进行适当的调整。其方法是：增减上瓦和边瓦之间的调整垫片厚度，对于对开式薄壁瓦可加工瓦口或更换轴瓦。在增减调整垫片时要注意两个瓦口上的垫片要等厚，不准加入偏垫，不能动用锉刀修锉瓦口，每组垫片应紧密无缝。

9. 怎样确定主轴瓦的轴向间隙(窜量)？

主轴瓦的轴向间隙(轴窜量)是确保轴的热膨胀、轴在纵向的定位以及为润滑冷却创造条件。当轴向间隙过小时，易发生热胀烧瓦故障；轴向间隙过大时，会因窜量过大而发生冲击，损坏瓦衬。

轴向间隙必须按说明和图纸的设计规定留出，在安装中必须按照图纸或安装说明中的规定予以保证。

压缩机主轴的轴向间隙可分为两类情况：

（1）一般压缩机：在曲轴侧每侧留出轴向间隙 0.2～0.3mm，在电机侧每侧留出轴向间隙 1.5～2.0mm，约相当于每米轴长留出 1～1.2mm 的轴向间隙。

（2）对置式压缩机：每一列有一个曲拐，一个气缸。列间设有中间轴承。为使曲轴轴向定位，采用止推轴承。止推轴承的主轴颈通常位于电动机一侧，止推轴承的两侧各留出相同的轴向间隙（一般为 0.15～0.25mm）。

（3）轴向间隙的检测方法：

a. 用塞尺检测。

b. 用千分表检测：将千分表置于轴的端头，推轴窜动，读出千分表指示的数字，即轴向间隙值。不过，此法不太适用于大型曲轴，因为不易推动。

c. 用专用量规检测。

如果止推轴瓦是可调整的，例如装有轴向调整垫片，应按检测结果调整垫片厚度；如果止推轴瓦是不可调整的，则应在仔细查明原因后，重新加工轴瓦端面或补焊瓦衬，以得到必要的轴向间隙。

10. 怎样使用和装配薄壁瓦？

近几年来，在压缩机中采用了薄壁精密滑动轴承。国产的对置式压缩机多采用这种轴瓦，其装配、使用、维护效果都很理想。它的特点是：弹性大、比压小、导热快、精度高等。由于薄壁瓦具有自身的特点，因此必须针对其特点进行安装检修，否则将造成一系列故障。

（1）弹性大：薄壁瓦是相对于厚壁瓦而言的，即轴瓦厚度与轴面的内径的比值较小，表 4-3 是两者的比较。

表 4-3　　mm

轴瓦类别	轴瓦厚度与轴径之比	轴瓦瓦衬合金厚度/mm
厚壁瓦	>1∶20	3~8
薄壁瓦	<1∶20	0.5~1.5

可以看出，厚壁瓦的总厚度大，刚性较强，薄壁瓦显得弹性较大，即轴瓦的承载适应性较好，易于变形。在对置式压缩机中薄壁瓦能适应曲轴长(3~7m或更长)、曲拐多(2~6列或更多)、轴承多(3~6个或更多)、曲轴自重大、变形大等特点。

因此，对于薄壁瓦，在安装和检修工作中不必刮瓦(瓦衬很薄，也不允许多刮，只在特别必要时少量修刮)，也不必规定瓦面接触面积的百分数(但要求接触均匀，贴合无缝)。

薄壁瓦大多数是对开型的，在两半瓦口上不放置垫片，以消除垫片刚性不足而使瓦背贴合不良的不利影响。在此情况下，轴瓦的径向间隙是不可调整的，要靠精密加工保证必需的间隙。当轴瓦磨损到一定程度后，应予更换。

(2) 比压小：薄壁瓦轴承的比压(即对轴瓦单位面积的载荷)设计得比较小，因此运转条件良好。在转数较高的情况下，能接近或达到液体润滑条件，保证机件长期持续工作，延长使用寿命。为了得到较好的润滑条件，薄壁瓦的润滑油压一般较高，保持在2~3kgf/cm^2，以确保主轴的正常运转。一般轴瓦的比压约为60~100kgf/cm^2，薄壁瓦的比压则约为20~50kgf/cm^2。

(3) 导热快：轴瓦材料一般应具有足够的抗挤压和抗疲劳强度、热稳定性、耐磨性以及较小的摩擦系数。因为在开车和停车时，不可避免地会处于边界摩擦和半液体摩擦的状态。一般瓦背都采用08号、10号或20号优质低碳钢，耐磨轴承合金则用CrSnSb11-b，轴承合金的线膨胀系数为24.5×10^{-6}，钢的线膨胀系数为12×10^{-6}，两者相差较大，在浇铸轴瓦时，轴承合金层将产生残余拉应力，降低轴瓦的疲劳强度，有可能因疲劳而导致破坏。这种观象在厚壁瓦上表现得更为明显。薄壁瓦则因轴承合金很薄，导热较快，情况要好些。

（4）精度高；薄壁瓦的加工精度较高，薄壁瓦的壁厚误差要求较严，允许误差不大于0.02mm。为了使轴瓦与轴承座贴合紧密，轴承外表面半圆周的长度比轴承座孔半圆周的长度稍长，其差值用轴瓦一头伸出轴承孔座名义直径平面的“余面高度”ΔL来表示，$\Delta L=H-D_0/2$。轴瓦的工作能力在很大程度上取决于ΔL值的大小。如果ΔL值过小，轴瓦与轴承座孔部分贴合，轴瓦与轴颈的工作面只有个别段接触，并且散热不良；如果ΔL值太大，应力超出基体材料的屈服强度，轴瓦受热后，表面发生塑性变形(压碎)，同时在轴瓦接头处的边缘部分向轴心方向弯曲，使边缘部分附近油隙减小，影响润滑。

通常使用样规检测“余面高度”的公盈值ΔL，样规内径同轴承座孔名义直径相同，将轴瓦放进样规，在轴瓦上加上额定载荷Q，使轴瓦在自由状态下从接口平面直径压缩到座孔名义直径D_0，就得出轴瓦与座孔间的公盈配合值。

了解了薄壁瓦的特点，才能正确地进行装配和检修，预防出现任何故障。

薄壁瓦的装配：

（1）由于两半轴瓦的装配是采取“余面高度过盈”的方式扣紧的，在检测轴瓦间隙前，就按正常状况拧紧瓦盖，然后用塞尺或压铅法检测间隙。轴瓦的“余面高度过盈”按制造厂图纸的规定得到。

(2) 为了防止工作时薄壁瓦轴向窜动或转动，常采用定位搭边进行定位，或采用定位销、定位套来定位。

(3) 出于薄壁瓦的基本特点是易于变形，适应轴颈，因而在一般情况下不需要修刮，只在特殊情况下少量修刮，亦可用涂色法检查其接触情况。

(4) 对于薄壁瓦的润滑，油应从非承载部分进入轴承工作面。通常在薄壁瓦的中部供入，也有通过轴承盖供油的结构。

11. 连杆及连杆瓦在装配时应注意什么?

(1) 连杆大头孔对小头孔的不平行度误差应不大于 0.01/100mm。

(2) 连杆大头孔端面应在同一平面上，杆身中心线的不垂直度应不大于 0.02/100mm。

(3) 在研磨连杆大小瓦时，必须将曲轴及十字头连杆接在一起进行着色刮研，否则会造成连杆大小头瓦互相不平行。

12. 连杆大头瓦的检修应注意什么?

(1) 连杆大头瓦应留有合适的径向间隙。如果间隙太大，会引起敲击、振动；间隙太小，会引起烧瓦，使瓦基直接与轴颈摩擦，损坏轴颈表面，造成严重事故。因此，连杆大头瓦必须留有合适的径向间隙。

一般连杆大头瓦径向间隙的经验公式为：

$$径向间隙 = (0.05\% \sim 0.07\%)D$$

式中 D——连杆大头瓦直径，mm。

连杆大头瓦径向间隙可用塞尺、压铅法或用测量法来检测。

a. 对于两半瓦间隙，如有调整垫片的厚壁瓦，可增减瓦口垫片的厚度，改变轴瓦的径向间隙，并用涂色法检查刮研轴瓦的接触面，经过刮研达到70%以上，且应分布均匀。

用涂色法检查并刮研瓦背与瓦块镗孔的接触面，使两侧紧密接触，底部稍轻。

b. 对于薄壁瓦，由于它具有比压小、弹性大、导热快、精度高四个特点，因此一般不进行刮研，而且也无法调整，因为两半瓦之间没有调整垫片。安装薄壁瓦时需要注意，瓦盖对薄壁瓦要有“紧力”，否则会发生松弛，转动敲击。为了防止滚瓦，即防止瓦背在瓦座孔内转动，瓦背应装有定位装置，如定位销、定位止动块等。薄壁瓦弹性较大，所以一定要按正常情况拧紧上下瓦，再检测瓦隙和接触情况(拧紧后盘车，再拆开检查接触情况)。

(2) 连杆大头瓦应留有合适的轴向间隙。如果间隙过大，连杆横向窜动歪斜，产生敲击冲动；间隙过小，曲轴热伸长定位销油槽推移连杆，使连杆歪斜，轴瓦工作失常，或卡住、抱轴、烧瓦等。一般情况下由于曲轴较长，热膨胀会引起较大的轴向移动，为了不致于因热膨胀的推力而引起变位，大头瓦的轴向间隙一般留得较大，而连杆小头瓦的间隙较小，因此通常以连杆小头瓦为定位轴瓦。

如果压缩机说明书中有专门的规定，应按其规定进行调整定位。

如果以连杆大头瓦定位，其轴向间隙可参考下式计算，这时连杆小头瓦就应该有较大的间隙(窜量)补偿窜动。

$$轴向间隙 = (2/1000)L，(不能大于0.6mm)$$

式中 L——连杆大头瓦长度，mm。

（3）曲轴应装配正确，才能使连杆处于正确位置，从而保证正常的工作。

a. 曲轴与机身滑道、气缸等的中心应互成垂直，否则连杆轴瓦将歪斜受力，产生发热，有响声等异常现象。

b. 在机身滑道处于水平时，如果曲轴安装不水平，连杆将产生偏倾，也会产生发热，有响声等现象。

（4）连杆大头瓦应有良好的润滑，否则将会发生过热或烧瓦等事故。因此必须注意：

a. 供油油路要畅通无阻，清除一切污物杂质。

b. 轴瓦上应有合适的润滑油槽以及合适的润滑油楔。

13. 连杆小头瓦的检修应注意什么？

（1）连杆小头瓦的径向间隙必须选配适当，否则间隙过大，运转时发出敲击声，在十字头往复行程的两个方向都能听到响声，严重时会震裂瓦衬，破坏润滑，而间隙过小会产生过热、烧瓦、抱轴等事故。连杆小头瓦径向间隙的经验数值为：（5/1000）D，其中 D 为连杆小头瓦直径（mm）。

连杆小头瓦间隙可用测量法测量或用塞尺检测。

连杆小头瓦径向间隙的调整方法：

a. 正体式轴瓦（衬套）：如果间隙过小要稍加修刮，如果间隙过大，则应更换衬套。

b. 剖分式轴瓦：可以增减两半瓦口的垫片以调整瓦量，然后上紧斜铁。斜铁与瓦背的接触贴合面应达到 70%以上，且分布均匀，必要时研磨修刮。轴瓦本身对十字头销的接触面应达到 50%左右，必要时可进行修刮研磨。

（2）轴向间隙必须选配适当：连杆小头瓦的轴向间隙过小时，将发热、烧瓦，甚至膨胀咬住；间隙过大，易引起敲击、冲撞等现象。

（3）连杆装配偏斜：如果连杆小头瓦间隙合适，但连杆主体装配偏斜，亦会引起故障。为了防止这一情况，必须做到：

a. 曲轴与机身滑道中心线应相互垂直，通过检查找正，调整妥当。

b. 机身滑道与气缸等大部件，最好通过拉钢丝线找正的方法定好中心。

润滑不良：连杆小头瓦应有合理的油槽和油楔，以便得到正常的润滑，给摩擦部件创造必要的润滑冷却条件，否则极易引起烧瓦、抱轴等事故。

14. 曲轴在哪些情形下应对其进行修理？

曲轴在使用过程中，如果发现下列情况就必须进行修理：

（1）曲轴磨损到原轴径的0.1%以上。

（2）曲轴有裂纹。

（3）曲轴弯曲或扭转变形。

（4）曲轴出现擦伤或刮痕。

（5）曲轴键槽磨损。

15. 十字头销在检修中应注意什么？

（1）良好的润滑性。连杆小头瓦在十字头销上是来回摇动，而不是转动，所以形成足够的润滑油膜是很重要的运转条件。如果油管堵塞，油道内有金属屑和污物，油路未对准或油压、油量不足时，都会引起十字头及其销轴瓦衬套的烧损，甚至发生抱轴咬死等严重事故。因此，必须仔细清理润滑油管，用压缩空气吹净，尤其要注意油孔和油道内有无金属切屑，如发现内有杂物必须除净。并要检查十字头本身的油孔与销轴上的油孔是否完全对准，绝不允许错开，否则将会减少或堵塞油道通路。

(2) 十字头销与小头瓦衬套之间应有一定的径向间隙，间隙过小，将造成过热烧瓦，间隙过大，发出敲击声。这种敲击声在十字头往复行程的两个方向中都能听到，在负荷状况下声音尤为显著，在无负荷时，声音稍轻，但较清晰。

(3) 十字头销小头瓦衬套之间应有一定的轴向间隙(窜量)，尤其是在以连杆小头为轴向定位时，间隙值更应准否则将会发生过热和敲击声。

(4) 十字头销中心线应与连杆中心线互相垂直，因此，在安装中必须预先做到使连杆的曲轴中心线与机身和十字头滑道的中心线互相垂直。如不垂直，会使十字头跑偏。同时，机身、十字头滑道和气缸都要找正定中心。否则在运转中连杆小头滑向一边(沿轴向滑动)，发出金属敲击声，小头瓦亦因此而发热烧损。

为了保证十字头销装配正确可靠，可用涂色法检查十字头销轴与机体锥形孔座配合的情况，要求达到接触均匀，必要时需修刮研磨。

16. 十字头跑偏或横移是什么原因?

在一般情况下，十字头在机身滑道内的位置(上、下、左、右)应该居中，并与整个机身滑道的中心线重合，否则就会产生十字头在滑道内歪斜跑偏或横移跑偏的现象，引起敲击和发热。为了避免跑偏，必须正确地装配及调整十字头，预防发生故障。

(1) 机身、中体和气缸可用找正定中心，也可用激光对中仪找正定中心，装配成列，长系列的压缩机尤其要采用这一工序，以达到所有中心线都能重合。

(2) 检测十字头在滑道内的位置是否正确以及滑道间隙

是否合适，必要时进行适当的调整。

（3）在完成上述检测工作后，将活塞杆慢慢推进，推入十字头内，避免“别劲”。同时用水平仪放在活塞杆上检查水平变动情况。接上连杆后，慢动握车，检查各部分有无“别劲”，十字头与滑道的接触面不应翘起，产生间隙，如存在对角间隙，就表明十字头可能跑偏。在此情况下，应及时查明原因，予以调控校正。

17. 怎样调整和确定十字头滑履与机身滑道的间隙？

（1）十字头滑履与机身滑道之间的间隙，是为金属膨胀和容纳润滑油之用。间隙太小，会引起摩擦发热；间隙过大，会引起冲击响声，同时伴有异常发热现象。因此必须选取合适的间隙值。十字头滑道间隙的一般经验数值为：$(0.5/1000)D$，其中 D 为十字头滑履加工面直径(mm)。

（2）十字头滑履与机身滑道的接触贴合状况可用涂色法检查，接触面积均匀，且不得少于 70%，下滑履与下滑道应紧密贴台，不允许存有局部间隙，而上滑履间隙应是均匀分布的，当十字头按工作行程作往复盘动时，在前、中、后部各位置用塞尺从滑板的各个方向插入，检测出的间隙数值应该相等。

18. 连杆螺栓的检修应注意什么？

连杆螺栓在检修、使用过程中发现下列情况之一时，就必须更换：

（1）连杆螺栓的螺纹损坏。

（2）连杆螺栓出现裂纹。

（3）连杆螺栓产生过大的残余变形。

上述情况的检测方法是：

（1）连杆螺栓的螺纹损坏，一般是由于装配时连杆螺栓紧力不适而引起的。目前一般采用液压连接或用扭力板手来拧紧连杆螺栓。

（2）大修过程中，连杆螺栓必须采用磁粉或超声波探伤，检查连杆螺栓是否出现裂纹。

（3）装配连杆螺栓时，可用外径千分尺或专用卡规测量其弹性伸长度，使其不超过连杆螺栓长（从连杆螺栓头的支承面到螺帽支承面的距离）的 1/1000。在使用中如果发观连杆螺栓的残余变形大于 2/1000 时必须更换。

19. 连杆的安全使用期限一般不允许超过多长时间？

（1）连杆使用期限一般不允许超过 $25000000 \times 1/n$ 小时（n 为转速，单位：r/min）。

（2）连扦螺栓伸长不允许超过原长的 1/1000。

20. 活塞杆表面（贴填料处）的加工有哪些要求？

活塞杆的密封工作表面应能保证在最小的磨损下长期工作，由于气缸中压力较大，作用到密封环上的压力传到活塞杆上使得密封压力也大。因此，活塞杆在往复行程中接触气体密封元件的工作表面，应该具有较高的耐磨硬度和光洁度，以保证必要的密封作用，防止磨损漏气。目前常采用镀铬、高频淬火、表面氮化等方法来提高硬度。

21. 填料漏气过多是什么原因？

（1）油流不充分，应适当增加给油量；

（2）填料盒组装顺序不合理，应按程序组装；

（3）填料研合不良，应重新研合；

（4）活塞杆表面有划伤（沟痕），要进行修复（精磨）或更换；

（5）填料盒相互研合不良（接触不好），应对接触平面重新进行刮研；

(6) 填料盒未紧固不彻底，应将填料压盖充分紧固；

(7) 活塞杆运动轨迹与中心线不平行，应调整中心；

(8) 活塞杆下沉，更换托瓦；

(9) 弹簧未抱紧，应适当调整；

(10) 填料轴向间隙过大，应按标准轴向间隙规定进行调整。

22. 填料发生异常磨损、烧伤是什么原因？

(1) 填料轴向间隙过小，按标准要求的轴向间隙组装；

(2) 活塞杆与填料函装配时产生偏斜，重新准确装配；

(3) 活塞杆表面粗糙，重新精磨或更换新杆；

(4) 活塞杆与填料函研合不良，重新研合；

(5) 供油量不足，要充加油量；

(6) 气和油中混入夹杂物，要进行清洗，保持气体和油的清洁。

23. 填料的装配及检修应注意什么？

填料装配、研磨和调整不当时，很容易发生漏气现象。因此在装配时要做到：

(1) 正确地装配和研磨填料函密封原件，使其与活塞杆表面接触紧密，并且各元件之间也要达到正确的配合。在安装金属填料函之前，应将其拆卸、清洗，并进行检查。按照制造记号组装，全部组合件(包括润滑油孔道)均须洗净，并按图检查各密封元件的加工质量。

(2) 在活塞杆或与活塞杆尺寸相同的芯棒上涂抹红丹粉，将密封环和内夹环套在活塞杆或芯棒上，往复移动几次，然后取下检查接触情况，必要时应适当修刮研磨，使贴合面积不少于70%，并能达到不间断地沿圆周均匀接触。

(3) 支承环端面与填料函壳内端面及各填料函室之间亦

应进行检查，接触的印迹应沿圆周连续分布，而无径向间断印迹，必要时应加以研磨。

（4）各密封元件经过清洗之后，应检查各部件的间隙，必要时应修复调整。

（5）在安装填料函时必须检查该部件的中心是否与活塞杆的中心线重合一致。如果误差较大，活塞杆不在填料函的中心位置运行，会导致过热、磨损、漏气等一系列现象。

24. 如何检查活塞杆的跳动值？跳动值的标准是如何规定的？

为了检验活塞杆运行的实际情况，还应该在盘车的情况下检查活塞杆在往复运动行程中的跳动值。其方法是将千分表装在压缩机的中体或接筒处(靠近填料部位)检查活塞杆的水平及垂直跳动值，同时要将水平仪放置在活塞杆上进行核对。

跳动值的标准通常按照制造厂的规定执行，或参照 API 618 的规定。

25. 刮油环带油是什么原因？

（1）刮油环内径与活塞杆接触不良或刮油环刃口不好；

（2）刮油环与填料盒的端部间隙过大；

（3）刮油环的抱紧弹簧过松；

（4）活塞杆磨损(椭圆、出沟等现象)。

26. 从法兰盘处泄漏油是什么原因？

（1）紧固不彻底，应彻底紧固；

（2）紧固不均，应重新紧固；

（3）填料不良，应更换填料；

（4）接合面划伤，应重新研合。

27. 阀片与阀座的质量标准是什么？

（1）阀片应平整，如有裂纹等现象应更换。

（2）阀座结合面不应有腐蚀麻点和划痕，阀片与阀座应严密结合，试漏合格。

（3）阀片上的弹簧应有足够的弹力，在同一阀片上各弹簧的直径及自由长度均应一致。

28. 阀片破损是什么原因？

（1）因密封面磨损，升程过大；

（2）咬入夹杂物，应清洗吸气管线；

（3）因介质带液造成腐蚀或液击，要切实排除液体；

（4）阀表面磨损引起阀片工作异常，应进行修整或更换阀座；

（5）金属阀片表面硬度不够，一般为 Rc46～52，应按要求热处理；

（6）阀片强度不够。

29. 阀簧折断是什么原因？

（1）因密封面磨损，造成升程过大。

（2）因混入冷凝水而腐蚀。

（3）阀片工作异常。

（4）弹簧硬度过大，应按技术要求热处理。

30. 怎样确定活塞与气缸内端面的死点间隙？

在往复压缩机中，气缸余隙是否合适是一个很重要的问题，如果气缸余隙过小，压缩机在运行中，连杆和活塞杆受热膨胀后伸长，产生撞击。因此，必须留出合适的气缸余隙，以防止碰撞气缸；余隙过大则影响排气量。

（1）立式压缩机气缸余隙是指活塞行至上、下死点时活塞的顶面与气缸盖内端面之间的距离。卧式压缩机的气缸余隙，是指活塞行至前、后死点时活塞端面与前、后气缸内端面之间的距离。考虑到压缩机在工作时，连杆和活塞杆受热膨胀伸长，因此在气缸的两侧所留余隙不一样。与曲轴相对的一侧，即热胀伸长的一侧，应留有较大的余隙。

(2) 气缸余隙可按压缩机制造厂说明书所规定的数值调整。

(3) 气缸余隙的检测方法是：将铅条(对大型压缩机)或电气保险丝(对小型压缩机)从压缩机的气阀座开口处放入气缸，然后慢慢盘车，使活塞经过死点压扁铅条，用千分尺测量压扁后的铅条厚度，即可得出余隙数值，这个数值比在空载时运行的实际值大，而接近于负荷运行时的实际值，因为空载时由于没有气垫，各运动部件的惯性力会使气缸余隙比测量值至少小大、小头瓦的间隙之和。

31. 活塞与气缸之间的周隙多大为宜?

活塞在气缸中的位置不正时，运行中将发生活塞擦碰气缸内壁的现象，其表现特征是气缸壁异常发热和发出冲击碰壁声。因此，活塞与气缸之间必须留有一定的周隙。在气缸找正定心以后，应使活塞的圆周隙均匀，使活塞与气缸对准同心。活塞与气缸之间的间隙因各种压缩机和工作介质不同而异，应按制造厂说明和图纸的规定数值检查调整。

32. 怎样检查活塞与气缸的周隙?

检查活塞与气缸之间周隙的方法是：

(1) 对于小直径活塞，用卡尺或千分尺测量活塞的外径和气缸内径，其差值就是周隙。

(2) 对于大直径活塞，将活塞装在气缸里，用塞尺检测其上、下、左、右的周隙值。

33. 活塞组件总装配时应注意什么？

活塞组件在装入气缸后，与十字头或滑块连接并调整好活塞周隙和气缸余隙，然后再手动盘车使整个活塞组件作往复运动以便进行检查。如总装配不当，就很可能造成撞击气缸、损坏活塞环、破坏密封填料函等一系列事故。

为了防止发生故障，在活塞组件的总装配中，必须注意以下问题：

(1) 各连接部件的紧力必须满足要求，过紧或过松都将诱发疲劳损坏，出现恶性事故。

(2) 检查调整各级气缸余隙。

(3) 检测活塞杆的水平状况，将活塞盘车至前、中、后三个位置，用水平仪放置在活塞杆上，检测其水平数值应在0.05~0.10mm/m 范围以内。

(4) 检查活塞杆的水平及垂直跳动值，可用千分表装在机身接筒处，使其指针触及活塞杆，然后慢慢盘车，检测其检查水平及垂直跳动值。

34. 活塞环为什么要留工作开口间隙？怎样留工作开口间隙？

活塞环是用优质珠光体铸铁、填充四氟等工程塑料制造的。当活塞环在气缸里工作时，由于气体经过压缩后，温度必然升高，而金属及非金属都有热胀性，但存在差异，活塞环在气缸内会膨胀伸长。如果活塞环在安装之前没有留出一定间隙，当温度升高时，活塞环就必然在气缸内两头对顶，使活塞环和气缸胀死在一起，造成气缸和活塞的严重损坏，同时会引起电机超载被迫停车。

活塞环开口间隙的具体测量方法是：并将活塞环放在气缸里，然后用塞尺检查测量。活塞环的开口间隙值应按设计的规定数值，或根据材料的热膨胀按下式进行估算：

$$K = 3.14Da(t_1 - t_2)\text{（不考虑缸的膨胀）}$$

式中 D——气缸直径；

a——材料的线膨胀系数；

t_1——活塞环最高工作温度（可取排气温度）；

t_2——安装时的环境温度。

35. 活塞环在活塞槽里的侧面间隙应留多大？

活塞环与活塞槽的侧面间隙是一个很重要的控制要求。如果间隙留得过小，会使活塞环卡住引起泄漏；间隙过大，会加强力度，产生振动和缩短使用寿命。因此，把活塞环置于槽内时，必须用塞尺或量具进行严格检查，活塞环的侧面间隙值应按图纸的规定检查，或根据材料的热膨胀进行估算。计算公式为：

$$K = Ha(t_1 - t_2)$$

式中 H——活塞环的宽度；

a——材料的线膨胀系数；

t_1——活塞环最高工作温度（可取排气温度）；

t_2——安装时的环境温度。

36. 活塞环为什么要倒角？

活塞环进行倒角是为使气缸油在工作中形成有利于润滑和密封的状态。但倒角必须合理，如活塞环倒角过小，会刮油拉缸；倒角过大会减少活塞环有效的密封。

37. 活塞环异常磨损、烧损是什么原因？

（1）气缸镜面粗糙，应再研磨；

（2）因凝液或冷凝水，使油膜形成障碍，要彻底分离；

（3）润滑油不足，要适当增加润滑油；

（4）气体中混入夹杂物，要清洗吸气口及管线；

（5）气缸拉缸，要适当调整间隙；

（6）环槽不标准或黏合，要修整环槽。

38. 活塞环磨损到什么程度不能再使用？

活塞环一般不进行修理。在使用过程中，若发现下列情况时，就必须更换：

（1）活塞环断裂或过度擦伤。

（2）活塞环丧失应有的弹性。

（3）活塞环厚度磨损(即径向磨损)超过1~2mm。

（4）活塞环宽度磨损(即轴向磨损)超过0.2~0.3mm。

（5）活塞环在活塞环槽中两侧间隙超过了原来间隙的1~1.5倍。

（6）活塞环重量因磨损后比原重量减轻10%。

（7）活塞环外表面与气缸镜面不能保持应有的紧密贴，且配合间隙的总长超过了气缸圆周的50%。

39. 为什么活塞环工作一段时间后，会磨成一边薄一边厚？

（1）活塞与气缸不在一个中心位置。因为活塞环在活塞槽里自由地向气缸壁膨胀，使活塞环紧靠在气缸壁上，以便封闭所压缩的气体。但由于活塞与气缸不在一个中心位置，必然使活塞与气缸周隙一边间隙大而另一边间隙小。在间隙大的一边，活塞环侧面露出活塞槽的部分多，在压缩过程中受力就大，因而径向阻力大，摩擦加剧。

（2）气缸的椭圆度过大，不但不能使活塞环贴靠在气缸椭圆度大的地方，反而还会产生较大的间隙，使气体在压缩中穿过这一空隙，将活塞环挤到相对称的一边，从而促使磨损加快。

（3）活塞在活塞槽里的侧面间隙过小，使活塞环由于热膨胀卡在槽内，不能自由地找中心和失去向外的弹力而使磨损加快。

(4) 活塞环本身材质不好，向外胀力不均匀。因此活塞环在向外弹力大的部位，造成严重磨损。

40. 气缸经过镗缸后，其增大值不允许超过多少？

气缸经过长时间使用(摩擦)，使气缸内径磨成椭圆状并有一定的锥度，由于磨损较大，必须进行镗缸处理，扩大缸径，但缸径扩大值不准超过原缸径的2%。

41. 气缸在安装或检修中，应注意什么？

(1) 气缸水平偏差不得超过0.05mm/m。

(2) 气缸同心度偏差不得超过0.05mm/m。

(3) 气缸水压试验压力为操作压力的1.5倍，但不少于$3kg/cm^2$。气缸水套水压试验压力为$6kg/cm^2$，在试验压力下保持5min，然后降到操作压力进行检查，应无渗漏为合格。

42. 压缩机在开车之前，为什么要盘车？

(1) 检查一下轴瓦、连杆、十字头滑道等传动系统是否灵活好用。

(2) 检查气缸里是否进入与压缩机不相干之物件，防止异物进入气缸内将气缸盖顶坏。

(3) 检查气缸内是否进入冷却水，因为液体不可压缩，会把缸体和缸盖撞坏。

(4) 为了避免上述三个方面的情况，压缩机在开车之前，必须要盘车。

43. 压缩机与电动机对轮同心度不允许超过多少？

端面差不大于0.04mm，径向差不大于0.06mm。

44. 压缩机的基础在工作时的振幅值规定不允许超过多少？

转速低于200r/min，应小于0.20mm；转速在200～

400r/min，应小于 0.15mm；转速高于 400r/min，应小于 0.10mm。

45. 压缩机的检修周期及检修项目是怎样规定的？

(1) 小修

按目前技术水平，每运转 2100~3000h 进行一次小修，其检修项目是：

a. 检查更换进出口阀座、阀片、弹簧等部件。

b. 检查各个运行零部件紧固螺栓。

c. 检修注油器单向阀、油泵、过滤网等润滑系统。

d. 检查清扫冷却水系统。

(2) 中修

按目前技术水平，每运转 4500~6000h 进行一次中修，其检修项目是：

a. 小修项目。

b. 检查、更换密封填料、刮油环。

c. 检修或更换活塞杆、活塞环、托瓦，调整活塞余隙。

d. 检查测量气缸的磨损情况。

e. 检查机身连接螺栓及地脚螺栓。

f. 校验全部压力表和安全阀。

(3) 大修

按目前技术水平，每运转 13000~18000h 进行一次大修，其检修项目是：

a. 中、小修项目。

b. 检修或更换活塞、活塞杆、十字头和连杆。

c. 检查曲轴的壁距差、主轴颈和曲轴颈的磨损及椭圆度、锥度，并进行修理。

d. 检修及更换气缸套或镗缸。

e. 机体各部中心及水平度应重新找正。

f. 对气缸水套等进行检查除垢，并清扫试压。

g. 气缸的冷却器检修和水压试验。

h. 对主轴各部、十字头体、十字头销、活塞杆及连杆进行探伤检查。

第五章　润滑及冷却系统故障的处理

1. 齿轮油泵的工作原理、特点是什么？旋转方向如何？安全阀的作用是什么？

齿轮油泵是一对啮合的齿轮，其中有一个是主动轮，用键固定在一端伸出壳外的轴上，由原动机带动，另一个是从动轮，与主动轮相啮合而转动。当两齿分开后，形成低压空间(吸入空间)，吸入液体。液体分两路沿壳壁被齿轮推着前进，压送到排出空间(齿与齿啮合前)，最后进入排出管。齿轮与泵盖的侧面间隙很小，故液体不会有很大的倒流(一般径向间隙为0.1~0.15mm，侧面间隙为0.04~0.10mm)。

齿轮泵的特点：

(1) 结构简单紧凑；

(2) 扬程较高，流量均匀；

(3) 适合输送黏性较大的液体。

在设备上作为润滑油供应设备，其旋转方向是唯一的。

为了防止排出管堵塞、排出压力过高而发生事故，在泵壳上装有安全阀。安全阀的作用：因为齿轮泵的出口和入口是隔绝的，所以在外界需要油量较少时，会引起出口管道的压力急剧升高，以致使出口管线和泵壳发生破坏。安全阀就起到防止破坏的作用，即当压力升高到一定程度后，使出口管线内的一部分油泄掉。

2. 循环油压不高或突然降至零是什么原因？

(1) 循环油油位低，油温高，黏度小。

(2) 油过滤器堵塞。

(3) 油管漏油严重。

(4) 油泵齿轮磨损，间隙过大，工作效率差；齿轮油泵轴封不好，吸入空气。

(5) 油调节阀开得过大。

(6) 齿轮油泵入口管被污油堵塞。

处理方法：增加循环油量，开大冷却水以降低油温，停用油过滤器，清洗油过滤网(循环油暂走近路阀，关死过滤器进出口阀)，停机修理油泵，调整间隙，必要时可更换齿轮。当循环油压突然降至零时，应立即停车。

3. 润滑油因温度低而黏度大怎么办?

润滑油在温度很低的情况下黏度稠厚，不易流动。在此情况下虽然开动油泵，但供油非常缓慢，而且油量很小，必须采取下列措施以保证正常供油：

在低温时，虽然不向油冷却器内供水，但应向油槽内的加热蛇形管内通入蒸汽或采用电热棒加热机油，将油加热到30~35℃后，开始供油。

4. 齿轮油泵各部间隙应留多大?

通常循环油系统中的齿轮油泵供油压力为0.8~2.0 kg/cm^2(表压),对置式压缩机的薄壁瓦润滑油压为2.0~2.5kg/cm^2(表压)。

当齿轮油泵的侧盖间隙或齿周间隙过大时，或齿牙经磨损后间隙增大时，就会形成油液在泵内短路回流，油压不够。为了保证正常的油压，油泵各部正常间隙一般应符合下列数值：

泵壳与齿轮间径向间隙：0.1~0.2mm；泵壳与齿轮间轴向间隙：0.05~0.10mm；齿轮轴与轴套径向间隙：0.02~

0.05mm。如果发现间隙不符时，可将泵壳侧盖磨去一些或加入适当厚度的纸垫进行调整，其他部件可进行更换。

5. 润滑油过热是什么原因？

压缩机曲轴箱内的油温一般不应超过 60℃。当油温过高时，会使运动摩擦机件的热量不易散逸，将引起一系列的故障。其主要原因是：

（1）运动机件过热。压缩机的运动机件，包括曲轴、十字头、滑块、连杆等，由于运转不正常而产生过度摩擦发热，同时也将使机油过热。通常，运动摩擦机件的温度不应超过 55℃，如发现有过热情况，应及时检查原因进行处理。

（2）油冷却系统失灵。油冷却器应能保证油泵供出的机油温度不超过 30~35℃，如果冷却效率不佳，应查明冷却器是否有阻塞、结垢或漏水等情况，立即采取措施消除。

（3）油料污染，油号不符。如果所采用润滑油的黏度不符合摩擦零件接触处的比压力，就会出现半干摩擦的工作条件，从而导致剧烈磨损和发热。已经污染或经过烧瓦之后的机油由于油质变坏，性能不符合原有技术条件，使润滑工作处于恶劣的状况。为此应采取如下措施；

a. 采用符合规定的润滑油。

b. 加入的润滑油经沉淀，并经过三级过滤后再注入。

c. 已严重污染或经烧瓦的润滑油应检查其黏度和机械杂质含量，必要时予以更换。

6. 油压降低是什么原因？

（1）油安全阀有问题，要修理或更换新的安全阀。

（2）油汞有问题，要检查齿轮与壳体的间隙是否磨大，必要时可更换新齿轮。

（3）油箱的油量不足，应适当增加润滑油。

(4) 轴瓦过度磨损，应修理或更换新轴承。

(5) 油过滤器堵塞，应清洗油过滤器或油箱过滤网。

(6) 油冷却器堵塞，要清洗油冷却器。

(7) 润滑油粘度下降或油温过高，要更换新的润滑油或冷却。

(8) 管路系统连接处漏油，应加以紧固，防止泄漏。

7. 注油器的柱塞常出现哪些问题?

注油器的柱塞如果发生故障，就会使供油中断。这时可以从注油器柱塞玻璃视孔观察滴油指示器是否滴油，如果没有滴油就证实其注塞系统有问题，应检查下列部位，针对所发现的问题应采取措施进行排除。

(1) 吸油柱塞是否严重磨损；

(2) 吸油口是否被污染堵塞；

(3) 油箱液面是否有足够的油；

(4) 柱塞腔内是否有气体。

8. 注油器供油不正常或不供油对压缩机有什么影响?

要想使一台压缩机(有油润滑)正常运行，就必须有足够数量的气缸润滑油。当润滑油不足时会引起摩擦表面的迅速磨损或个别零件的卡涩；润滑油过多时，则会促使积炭形成，破坏活塞的密封性，使零件迅速磨损，并导致积炭在气缸内部灼烧。因供油量不足时，会使润滑点干摩发热，可用测量温度的方法检测出来；供油量过多时，也可从活塞环上和气阀上积炭过多的现象判断出来。

9. 注油器的逆止阀返气是什么原因?

当注油器逆止阀失效时，有压力的气体顺着油管反压至注油器内，在滴油时观察玻璃处，将会发现有气泡冒出。同时，由于气体被压缩后发热，注油管线也将出现发热现象。

在这种情况下，如果持续下去，将会使气缸或填料函因缺油而发生一系列的损坏事故。其注油逆止阀失败的原因是：含有污垢，尤其是粒状杂质的润滑油进入止回阀内，将阀芯垫起使其失去返回的作用，或阀内的弹簧折损以及阀芯损坏。为了预防这些故障的出现，应采取如下措施：

(1) 使用经过过滤的清洁油质(最好用三次过滤)。

(2) 检修或更换不良气阀。

(3) 最好使用装有双重阀芯的止回阀。

10. 润滑油管堵塞是什么原因?

泥砂、焊渣、棉纱头等杂物都有可能将油管堵塞，使润滑点少油或无油，产生过热磨损，或使供油柱塞出口阻力过大而造成损坏。当油管堵塞时，供油点没有油，被堵塞的管段前面很可能发生漏油或发生该注油点的供油柱塞损坏等现象。

为了防止润滑油管堵塞，应采取下列措施：

(1) 在安装前，将油管逐根清洗干净，最好通过碱洗、水洗和白布擦或用带有压力的空气吹扫干净。

(2) 油管不够长而需要接长时，应装上活接头，或采用套管的方法焊接加长，以避免焊渣或熔化的金属堵塞管子。

(3) 弯管时用煨管工具冷弯或氧乙炔火焰加热煨弯，应注意防止煨扁或金属过热而变形。

(4) 油管和注油器装配好后，应进行系统的强度试验，试验压力为操作压力的 1.5 倍，当发现有渗漏或破裂时，应予以修理或更换。

(5) 注油器与填料函、气缸供油点接通前，应先将注油器开动起来，在每一个供油点处检查来油情况和清洁程度，直到清洁以后，再正式连上接头。

11. 怎样正确调节注油器的供油量?

注油器调节不当，将造成供油量不正常。为了保证正常的供油量，必须对注油器进行正确调节，其调节方法如下：

(1) 整个注油器供油量的调节：将传动注油器的连杆偏心距加以改变或将传动摇杆增加或减少。

(2) 单个注油柱塞的调节(即每个供油点供油量的调节)：旋动每个吸油柱上的调节螺钉，即可改变其供油量。

12. 冷却水中带有气泡是什么原因?

(1) 冷却器内严重腐蚀，管线破裂。

(2) 铸造气缸时，内壁有小的裂缝，安装时或修理时没有及时发现。开车生产后，气体泄漏到水套内。

(3) 气缸进油管垫片漏气或丝扣漏气。

处理方法：冷却水中有气泡，由于气压大于水压，会影响冷却水进入气缸水套处冷却。因此，冷却水中有气泡，气缸壳体温度会增高，如果气缸内壁裂缝增大，那就越漏越严重，必须马上处理。

13. 怎样防止冷却水管系统的泄漏?

(1) 冷却系统的管子在安装前或大修后，必须经过水压试验，达到合格。

(2) 水管系统上的阀门、管件等均需进行严密度试验和强度试验。

(3) 整个冷却水管系统必须进行全系统的通水试验，并对所发现的渗漏缺陷(在焊缝、垫圈、衬垫、阀门等处)进行修理。

14. 怎样防止冷却水管件及冷却水管的冻裂?

(1) 零度以下的低温会造成水管件冻裂损坏，因此，温度在零度以下时，需将不开车的压缩机冷却水全部放掉，以防止结冰，造成冻裂事故。

（2）对不能放水的管道，要加上保温层或埋入足够深的地下或让水不停顿地循环流通，这些方法都可以防止冻裂。

15. 压缩机的出口气温过高是什么原因？

通常，压缩机的出口气温不得高于140~160℃，否则表明冷却水系统的工作不正常（出口气阀和活塞环漏气除外）。这一点可以从各级气缸的出口测温计上检查出来。当气温过高时，气缸壁和气缸盖的温度也随之增高，并将破坏活塞组件的正常润滑，还容易在气阀上形成积炭和使活塞环在活塞槽内烧损或卡塞，从而造成一系列事故。因此，当发现压缩机出口气温高时，要及时查明原因加以排除。其主要原因是：

（1）水不足：冷却水供应不足将造成冷却效果不良。一般说来回水温度高于35~40℃时，就表明冷却水的供应不足。各级气缸冷却水的温升一般不超过10~15℃。如果查明压缩机气温过高是供水不足引起的，则用增加冷却水量的方法就可以降低出口气温和相应气缸腔体的温度。当所供的冷却水温较高时，用增加冷却水量的方法效果不好。这时最好采取降低水温的措施（包括供给新鲜冷水），将加热的回水排走，或经过降温后再循环使用。

（2）水垢影响：在压缩机的运转过程中，气缸冷却表面上逐渐聚积着从冷却水中沉淀下来的沉淀物，这就是通常所称的水垢。水垢妨碍传热，降低冷却效率，并使被压缩气体的温度和其单位电能消耗量急剧增高。水垢增多的速度，取决于冷却水的质量和温度。因为水垢的形成是由于水中含有可溶解的盐类和悬浮的机械杂质。当水被加热时，即以沉淀物的形式聚积贴附在冷却水套腔壁上，随着时间的增加而逐渐形成为水垢层。因此，必须定期地检查水垢的厚度，其厚度一般不应超过 2mm。当发现冷却效率降低时，应打开气缸上的检查孔检查水垢的形成情况。清除水垢的方法有：化学清洗及物理清洗。

第六章　压缩机的试运、验收

1. 压缩机启动时应注意哪些事项?

压缩机启动时，首先明确是否具备进入运转状态的条件，再按启动要求的顺序进行，最重要的是应充分了解机器的构造，认真研究后进行启动。

(1) 检查所有检修项目是否已全部结束。

(2) 检查润滑油的油位及润滑油指标是否合格。

(3) 冷却水水量、进口水温调整，检查冷却水箱液位是否正常。

(4) 检查隔离氮系统是否投用，各注入点压力是否正常。

(5) 检查气缸用注油器油量，给气缸、填料注油，检查油是否确实注入。

(6) 检查放泄阀、旁通阀全开与否，是否可以进行无负荷运转。

(7) 起动润滑油泵，检查油压，判断油泵有无异常现象，是否从进油管吸入空气。

(8) 以盘车装置进行盘车，润滑油必须均匀分布，检查气缸内有无夹杂物。盘车完毕后，将盘车装置确实地返回原来位置。

(9) 全开吸气阀门。如吸气阀门关闭，会使进气管成为负压，压缩机车身为低负荷，容易吸入空气，在压缩有危险性的气体时，吸入空气是很危险的。

(10) 机器周围不得放置异物及危险品。

(11) 机器的排气温度、振动、电机定子温度等联锁调试合格。

(12) 压缩机正式进入运转后，逐渐升高压力，当排气压力接近额定压力时慢慢打开排气阀门。在升压过程中，关闭放泄阀、检视压力平衡，关闭旁通阀。还应注意有无异常声音的发生，检查气、水、油等的漏泄，湿度、压力及振动情况。

2. 压缩机怎样试车？

当压缩机安装后，除按前面提的要求进行准备外，还必须细心地开展下列工作：

(1) 联锁试验：压缩机起动前，需进行程序试验，以手动操作油压继电器、断水继电器、限位开关、压力继电器等，检查其接线无误。

(2) 注油：将气缸和填料等注油接头拆掉，以电动或手动操作油泵，润滑油从油管路末端排出，要求在排出油滴时不含有尘垢。

(3) 磨合运转：拆掉各级气缸的吸排气阀，进行无负荷运转，使各运动部件充分磨合。检查其运动部分在运转中有无发热、振动、音响等异常现象。开始运转时，以微动来检查压缩机曲轴的回转方向，然后将运转时间延长至10s、1min。每一阶段都测定从切断开关到压缩机完全停止转动的时间，慎重地检查有无异常现象，如果从切断开关到压缩机完全停止运转的时间短，这说明运动部件可能发生烧研或烧研初期状况。经一小时运转没发现异常现象后，继续反复进行无负荷运转。空载试验并非时间越长越好，由于没有气垫作用，运动部件由于惯性作用，会在有间隙的部位产生撞击，引起瓦的损坏和次生事故发生。特别是试运转初期，如果有较大的撞击声，应进行检查，并在空载过程中加强连续监控。

（4）吹洗运转：气体管路是按照前面所述的要求，经过吹洗后安装起来的。吹洗运转是为了清除气体管线中细小的夹杂物。先后按一级吸气管、一级排气管、二级排气管等顺序，对各级吸排气管路、安全阀管路等所有气体管路进行。吹洗各级气缸不得混入夹杂物。

（5）升压运转：在吹洗运转过程中，有一定程度的压力上升，尤其是低压级可升至接近于常用压力。升压运转时，在用空气对排气管路阀门节流的同时，压力慢慢地升到规定数值。升压运转时应注意填料、泄漏情况，记录各级压力和吸排气温度、润滑油压力及温度、冷却水温度等，以及比较和分析升压过程中有无异常现象，这一点是很重要的。根据压缩机的种类，有时需要气体循环运转，这时应避免使用空气。由于空气反复压缩膨胀，将逐渐干燥，使润滑油变为雾状，产生静电，有爆炸的危险性。循环运转最好使用氮气等惰性气体。

（6）安全阀试验：升压运转结束后，进行安全阀放气试验。安全阀必须以额定压力放气及停止放气 。另外，即使排气管路阀门关闭，安全阀也必须有不致于上升到放气压力以上的放出容量。

（7）连续运转：升压运转及各种辅机试验完以后，要进行 24 小时的连续运转，记录各种数据，为长期连续运转打下牢固的基础。其所记录的数据包括压力、温度、功率、电流等。

（8）排气量调节试验：附有排气量调节装置的压缩机，

需进行调整，以适应该装置类型的排气量，记录不同排气量的各个数据，作为运转的参考。

(9) 振动测定：在额定压力运转的状态下，测定主要部件的振动，作为长期运转时保养的参考。

(10) 分解检查：上述运转后，对主要部件进行分解检查，明确关键部位有无异常现象。例如检查吸排气阀的开启情况，检查气缸面润滑情况，检查各轴承的接触情况等。另外检查润滑油的污染情况，根据情况更换新油。

(11) 最后运转：分解检查后，重新组装，进行无负荷运转，作出结论，试车完毕。

3. 压缩机在运转中必须注意哪些事项？

为了使机器在完好状态下连续运转，必须检查机器各部件有无异常现象。经常注意各部位情况。

(1) 各级吸、排气压力是否异常。如果各级压力正常，则压缩机的运转正常；如果压缩机系统异常，压力发生变化时，温度也产生变化。所以应该认真考虑它们的相互联系来判断异常部位。

(2) 各级吸排气温度是否异常。如上所述，必须与压力同样注意。此外，这也将影响冷却器冷却情况的变化及气体温度。因此需要从多方面予以注意。

(3) 油泵系统是否异常。主要指油压、油的流动是否畅通、油泵运转情况及漏泄等。

(4) 轴承温度是否异常。

(5) 往复运动部件是否有敲击声。因为压缩机是往复运动的，所以轻微敲击声是不可避免的，但声音过大时，则可认为是异常现象。要判断往复运动部件的异常声音是比较困难的，必须依次检查，尽力发现问题。

(6) 填料是否有泄漏情况。

(7) 各级吸排气阀工作是否正常。

(8) 气缸注油器工作是否可靠。

(9) 有否从法兰盘连接处漏气、漏水、漏油情况。

(10) 冷却水流量和温度有否异常现象，是否混有气泡。

(11) 放泄阀工作是否可靠。

(12) 冷凝水排出量及颜色有否异常。活塞环异常磨损会促使冷凝水变黑。

(13) 安全阀、旁通阀有否泄漏。

(14) 有否振动较大的地方，如果发现振动大的地方，应查明原因，进行处理。振动增加可导致机器的破损，必须注意。

(15) 冷却器是否异常振动及有无异常声音。

(16) 电动机的电压、电流、功率、温度等是否异常。

4. 压缩机在试运时可能会出现哪些问题？

在压缩机试运转期间，可能遇到的主要问题可以分为两种类型：机械性的和非机械性的。

机械性问题的主要表现形式是敲击声及磨擦面发生不正常的高热。非机械性问题则是以各级压力和温度分配不正常的形式出现。

在首次开动压缩机的头几转里出现的敲击声，通常是由于压缩机的装配不正确或者它的各固定部分松动而产生的。至于在压缩机工作过程中出现的响声，则可能是由于个别零件松动，或有杂物掉入气缸，或者润滑油不足等原故而引起的。当有响声出现时，压缩机应立刻停车。在发现了响声并将它消除以后，才能让压缩机开动，并且只能在低转速下运转。

通常响声出现的原因是：

（1）某一个工作室的余隙容积值不移，活塞会冲击缸盖或气缸底部，由于这个原因而产生的响声，很可能在上面工作室内出现，因为压缩机开动后，活塞由于在工作时间内发热，经过一段时间后，便会伸长。

（2）过多的润滑油在压缩机直线余隙容积值不足的情况下注入气缸，活塞便会通过润滑油与缸盖或者气缸底发生冲击。

（3）由于填料箱外壳和气缸底之间的垫圈损坏，因此水便漏入气缸（2СГ-50 型压缩机上会发生这样的情况）。

（4）和十字头相连的活塞杆，其锁紧螺母的连接松动。

（5）活塞和活塞杆的连接松动。

（6）连杆十字头轴承的楔块连接松动。

（7）十字头销钉螺母的上紧度松懈。

（8）盘根箱在凹窝内的固定松动。

（9）固体质点掉进活塞和缸盖或者气缸底之间（阀片破裂或弹簧破裂）。

（10）活塞的堵头旋开，或者轴承上紧得不够。

（11）曲轴轴承松动。

（12）滑板或导轨用旧（产生了过大的间隙）。

（13）十字头销钉松动。

（14）阀在气缸阀窝内松动。

（15）压缩机轴上的飞轮松动。

前面所列举的头三条原因只会在活塞向一边运动时有响声，其余的原因会引起两边的响声。除了上述第（11）项外的所有情况都会产生尖锐的响声，但在任何曲轴轴承松动的情况下，则产生粗哑的响声。

气阀的响声通常是凭听觉或者贴在压紧螺钉头(吸气阀)上的附贴物来判断的，附贴物可以是手，也可以是金属物件。

当总的余隙容积不够时(两边的)，响声便会是两边的。在这种情况下，通常是利用在气缸盖下安装较厚的垫圈来增加余隙容积。此时，应检查是否存在有活塞环跑距。

如果当一端的余隙容积增加时，这个跑距就没有了，则活塞应更换并改变最外边一个活塞环(通常是下边的)边缘的位置。

有时，在调节了余隙容积以后，气缸里的响声还会出现。这种现象在如下情况便会产生：活塞环缺少跑距，气缸壁上产生梯状磨损。

假如发出响声的原因无法确定，则应从螺母和各连接处的牢固性开始着手检查。如此时还不能发现问题，则首先应取出十字头销钉，将销钉装在十字头轴承内以检查销钉在轴瓦中的间隙。同时将连杆摆到一边，检查曲柄轴承中的间隙。如果利用这些方法都不能发现引起响声的原因时，则必须检查压缩机上所有的连接处，连接的松动就可能引起响声。但绝对禁止在没有必要的情况下随便上紧轴承螺钉。

外支承轴承内的响声可能由于轴承松动而产生，也可能自于曲轴安装不正确而产生。假如将松动的地方都消除以后，响声仍不消失，可设想：发生这种响声最可能的原因是自于外支承轴承安装得不准确，或者在浇铸轴瓦时损坏了承压面的高度，因而曲轴发生弯曲。在这种情况下，应根据曲臂的偏差来检查曲轴位置的正确性。压缩机在曲轴安装得不正确的情况下工作，会使曲轴损坏。

压缩机在试运时，除产生敲击声外，另一个有问题的表现形式是不正常的高热，如果压缩机的所有摩擦部分同时发热，则表示润滑油过滤器被堵塞，或者是油泵及总油管出现毛病。

个别零件的发热是由于润滑不足、尘土掉入、或者组合件装配得不正确(间隙过大或者不足等)而产生。通常零件的发热都伴随着响声。当发热得很厉害时，必须检查摩擦零件表面的状况。

绝对禁止用水冷却发热的部分，在零件尚未冷却到30~40℃时，不要拆卸组合件。

各级气体压力和温度的不正常分配，主要是由于阀的毛病(阀片、弹簧的损坏，阀片的扭曲等)，以及阀与阀窝密封垫料严密性的损坏，阀座和顶座之间(在CГ-50型压缩机封闭式的阀上)剖分面上密封垫料严密性的损坏而产生的。

在任何一级气缸里，如果压缩比超过正常压缩比，那么这一级就是在超负荷的情况下工作；如果压缩比低于正常压缩比，则这一级是在负荷不足的情况下工作。压缩机的个别级在超负荷或者负荷不足的情况下工作，都可能引起事故。在超负荷的情况下工作时，出口温度会剧烈上升。

后一级(高一级)吸气阀或排气阀的毛病，是前一级压力升高的原因。因此，假如第Ⅰ级出口压力升高，它的原因应从第Ⅱ级吸气阀或排气阀的毛病上去找。

当中间一级的压力发生变化时，即使是很小的变化，都必须立刻采取措施消除。

任何一级(例如第Ⅰ级)压力的升高是由于下一级，即更高一级(例如Ⅱ级)阀的毛病而产生的事实。可解释如下：

(1) 当吸气阀有毛病时，在压缩的时间内，气体可能倒流入第Ⅰ级的冷却器，这样便减少了第Ⅱ级的流量，因此，第Ⅱ级只能吸入比正常情况少的气量，而导致第Ⅰ级的压力升高。

（2）当排气阀有毛病时，这一级的容积系数降低，与上面的情况相同，使得从前一级里吸来的气量减少，造成前一级出口压力增高。

温度在上述两种情况下都会剧烈上升，这是由于一方面压缩比增加（在第Ⅰ级里），另一方面从冷却器流出的或者从排气阀不严处漏回的气体导致压缩温度（在第Ⅱ级里）升高。

由于装有安全阀，多余的气体会漏入大气。因此，中间各级出口的压力不可能上升到很高的值。当安全阀出毛病时，压力才会升得很高，从而使超负荷各级的冷却器、气缸以及其他零件损坏。

当压力分配不正常时，应停机。先检查吸气阀，然后再检查排气阀，并换掉有毛病的阀。

第Ⅰ级的排出压力下降，可能是由于吸气阀或者排气阀有毛病，或者活塞环和盘根箱（中体室的）漏气。

当吸气阀有毛病时，气体会从第Ⅰ级气缸里漏出（外部漏损）使压力下降，并使得压缩机的流量减少。

当排气阀有毛病时，第Ⅰ级的容积系数降低，使得压缩机的流量减少。

当活塞环漏气时，也会产生类似的情况。因为在这种情况下，气体会在压缩过程中从工作室漏出，而在相反的冲程里又会从另一边的工作室漏入，这样使吸入的气量减少，同时使温度升高。

在每一级里，气体在压缩时的温度可能比正常的温度低。当冷却水经过垫圈不严处或者经过冷却水流过处的气缸壁或凸台上的裂缝漏入汽缸时，这种现象便可能产生。

这是由于一部分热量随着水的蒸发而散走的原故，但这时会伴随着响声。

5. 压缩机停车时应注意哪些事项?

运行中的压缩机要停车时，应该考虑机器不受损失，并在下一次运行以前使机器保持良好的状态。

(1) 依次打开旁通阀降低压力。因为停车时需要降低压力使之处于无负荷状态。从低压级开始，边检查压力平衡情况，边依次打开旁通阀。

(2) 打开放泄阀。如果剩有冷凝水容易生锈，最好在尚有一点压力时使放泄阀全开。

(3) 电动机停止转动，排气管上阀门全闭。最后一级压力管路没有逆止阀或逆止阀发生异常现象时，必须注意开闭最后一级旁通阀及排气阀门，避免产生过压缩现象。

(4) 排气阀门全闭。在压力降到接近大气压后，全闭吸气阀门。

(5) 润滑油泵停开。

(6) 主送水阀门全闭，必要时将机器内部冷凝水排出。短时间停车时不需要特殊处理，可以暂时搁置不动。即使是停开时，如果能很好地留意异常音响及压力、温度、振动等变化，也有助于保养工作。

压缩机长期停车不使用时，应注意防锈，以空负荷运转方法全部排出各种冷凝液，充入干燥氮气以防止吸排气管路锈蚀。每隔 10 天做一次 10~30min 的盘车运转，对轴承等滑动部分防锈是一种好的方法。当然也必须排出气缸冷却器中的冷却水。

6. 怎样做好压缩机的日常维护?

在正常情况下，除了看仪表和留意一些外表情况外，我们还可用听和摸的方法进行检查。但这种判断方法必须靠实践经验，所以需要不断摸索和实践才能判断准确，用看的方法，可以从仪表和外表现象的变化中直接看出来，比较容易。一般可从压力计、温度计、冷却水、注油量等看出问题。听、摸是检查内部毛病的有效方法。例如：运转中的敲击、轴瓦松动、十字头销子的松动、气阀片的运动等均可用听的方法来判断。手摸可以觉察设备的温度变化和振动变化。

要正确地判断压缩机运转情况，一般应将看、听、摸三者结合起来。例如，一般进口阀漏气，我们可以看到压力下降，听到气阀运动中出现异声，同时也可以摸到气阀盖的温度升高。其次，经常保持压缩机的清洁也是维护中非常重要的环节。因为灰尘和杂物不但污染润滑油，而且还会增加机件的磨损和腐蚀。因此要经常做好设备的清洁卫生工作。

日常操作的注意事项如下：

(1) 各级的温度和压力。

a. 在正常运转中各级压力突然升高时，必须立即用近路阀调节，如无法调节时需停车处理。

b. 在正常运转中，进口温度升高时必须立即调节冷却水水量，防止进口温度过高，影响气量。

(2) 压缩机各部件、零件。

a. 正常运转中，如突然出现撞击声时，应迅速切断压缩机电源进行紧急停车，否则影响就会扩大，严重时可能造成整台机器损坏。

b. 严格防止液体带入气缸，造成气缸内液击而损坏机器。

c. 压缩机在断水之后，不能立即通入冷水，避免因冷热不均，出现气缸裂纹。

d. 压缩机在冬季停车后，应放掉气缸夹套中的存水，避免气缸冻裂。

e. 随时仔细检查设备及管线的法兰接合处，不准有泄漏、振动及互相摩擦等情况。

f. 经常注意机座螺丝是否松动，以防损坏基础。

g. 开关阀门要缓慢，不要用力过猛，使阀门损坏。并且不要开得太足，关得太死。记好各阀门开关的圈数。

h. 各种零星配件，如气门、各种铝垫、止逆阀、注油器及专用工具等必须有专人负责保管。

（3）润滑情况。

a. 在正常运转中注意注油器的滴油情况，如发现注油器冒油必须及时修理。对止逆阀的漏气检查，可用手摸止逆阀后面的紫铜管温度，因为气缸内气体温度较高，如果漏气，紫铜管温度就会升高。

b. 循环油的压力过低时，也会影响机件的润滑。这时应停车清洗循环油系统和过滤器。

c. 对新修好的压缩机特别要注意循环油的温度，温度升高时不要轻易开大冷却水量，先要找原因。当部件太紧而发热时(特别是个别轴瓦发热)，如果加大冷却水量，情况就不易被发现，从而引起轴瓦损坏。

d. 必须保持润滑油的清洁，防止机件损坏，否则影响生产造成损失。

e. 油分离器排油时，要注意集油器的压力，切勿粗心大意，否则会造成集油器爆炸。

(4) 安全。

a. 压缩机需要动火检修时，应严格执行动火制度，并进行空气置换和安全分析。

b. 电动机皮带传动部分，一定要装上牢固的防护罩并且接上地线。

c. 修理压缩机时所用的照明灯一定要用低压安全照明灯。

d. 不准在压缩机及设备周围堆放易燃品。

7. 压缩机的验收标准有哪些？

(1) 运转正常，性能良好。

a. 压缩机出力达到铭牌出力或能量。

b. 压力润滑和注油系统完整，油路畅通。油质、油位、油压、油温、油品、注油量和换油时间均能符合操作法规定。

c. 主轴承、曲轴箱、十字头、滑道、气缸等部位运转中无异常响声。机体振幅规定数值不超过表 6-1 规定，辅机和管道无明显振动现象。

表 6-1 mm

转数/(r/min)	最大振幅值
<200	<0.20
200~400	<0.15
>400	<0.10

d. 压缩机指控指标(温度、压力等)均符合规定要求，其超标率小于 2‰。

e. 填料轴封无严重泄漏。

(2) 内部机体无损、无内漏、质量符合要求。

a. 各部零件无严重缺陷，材质选用正确。

b. 气缸轴瓦、气阀等安装配合磨损极限及严密性均符合检修质量标准。

(3) 主辅机整洁、零件齐全好用。

a. 安全阀、压力表、温度计、联锁等信号齐全、灵敏准确。

b. 主辅机零件完整好用，各部螺丝应满扣、齐全、紧固。

c. 润滑、冷却、气体系统的设备、管线、阀门等静密封点的泄漏率小于2‰。

d. 机体整洁，油漆完整，基础、地面无损及无油浸现象。

(4) 设备档案齐全准确。

8. 压缩机的完好标准都包括哪些内容？

(1) 运转正常，效果良好。

a. 设备出力能满足正常生产需要，或达到铭牌能力的90%以上。

b. 压力润滑和注油系统完整好用，注油部位(轴承、十字头、气缸等处)油路畅通。油压、油位、润滑油选用均符合规定。

c. 运转平稳无杂音，机体振动符合相关规定。

d. 运转参数(温度、压力)符合规定。各部轴承、十字头等温度正常。

e. 轴封无严重泄漏。如系有害气体，应立即采取措施排除泄漏。

(2) 内部机件无损、质量符合要求。

各零部件的材质选用、磨损极限以及严密性均符合相关规定。

(3) 主体整洁、零附件齐全好用。

a. 安全阀、压力表、温度计、自动调压系统应定期校验，灵敏准确。安全护罩、对轮螺钉、锁片等齐全好用。

b. 主体完整，稳钉、安全销等齐全牢固。

c. 基础、机座坚固完整，地脚螺栓、各部螺丝应满扣、齐整、紧固。

d. 进出口阀门及润滑、冷却管线安装合理，横平竖直，不堵不漏。

e. 机体整洁，油漆完整，符合相关规定。

(4) 技术资料齐全准确，应具有；

a. 设备履历卡片；

b. 检修及验收记录；

c. 运行及缺陷记录；

d. 易损件图纸。

第七章 压缩机的状态监测及故障诊断

1. 为什么要对压缩机进行状态监测及故障诊断?

据资料统计，1949~1979 年我国部分石化厂的大型往复式压缩机发生事故 356 起，造成直接经济损失 3559 万元。1979~1988 年发生重大压缩机故障 224 起，占全国石化生产重大事故的 21%，所造成的经济损失达 2237 万元。往复式压缩机的运行过程中，如发生活塞杆断裂、活塞背帽脱落等故障，会酿成重大事故，通过状态监测和故障诊断技术，可以了解压缩机在使用中的状态，为确定压缩机整体或局部的运行情况，早期发现故障及其原因，预报缓变故障；而对突发性故障(如活塞杆断裂)能及时报警连锁，避免事故扩大。

2. 压缩机状态监测及故障诊断技术发展的状况如何?

近年来，随着振动与嘈声理论、测试技术、信号分析与数据处理技术、计算机及其他相关科学、技术的发展，为压缩机状态监测与故障诊断技术提供了良好的基础。目前国际上已有多家公司设计、制造了压缩机在线控制系统及离线状态监测分析仪，并且在不断的技术服务中积累了丰富的压缩机故障诊断经验。

3. 压缩机状态监测分为哪几种?

压缩机状态监测一般分为：在线监测和离线监测两种。

4. 压缩机在线监测系统主要有哪些组成?

在线系统主要由服务器、工作站、前置放大调理器、数据采集器、压力传感器、温度传感器、位移传感器、加速度传感器、通讯网络等硬件以及采集、通讯、处理、分析等软件组成。传感器采集到的信号通过前置放大调理器放大后进入数据采集器；数据采集器与工作站通过通讯，传递指令及交换数据；服务器对数据进行分析、保存、报警及联锁，并可以通过网络，实现远程通讯，监控。

5. 压缩机在线系统主要有哪些功能？

(1) 压缩机流程总览。

(2) 可视化监控压缩机的运行状态及运行日志。

(3) 趋势监控。可以监控所有的特征值和流程数据；将监控信号及计算所得的参数记录下来，作为历史和将来分析用数据。

(4) 效率优化。动态信号监控和显示；集成气体属性数据库，P-V 示功图分析计算并与理想的 P-V 示功图比较；气阀工作状况监控；活塞杆负荷计算等。

(5) 磨损监控。活塞杆下沉监控；填料和支撑环磨损监控；十字头连接可靠性监控。

(6) 可视化的用户访问。通过网络进行操作和用户权限管理。

(7) 报告传递。

6. 目前状态监测设备(系统)主要具有哪些监测、分析功能？

目前状态监测设备(系统)主要具有以下监测、分析功能：

(1) 机械配合松动：活塞松动、十字头连接松动、十字头销松动、轴瓦松动。

(2) 活塞杆下沉、填料和支撑环磨损、缸套磨损。

（3）活塞杆超负荷。
（4）气阀、活塞环泄漏。
（5）气缸、管线的压力脉动。
（6）流道堵塞、流量不足。
（7）卸荷装置故障、气阀故障。

石油化工设备技术问答丛书

书　名	定价/元	书　名	定价/元
管式加热炉技术问答(第二版)	12	石化工艺管道安装设计实用技术问答(第二版)	30
带压堵漏技术问答	10	石化工艺及系统设计实用技术问答(第二版)	30
塔设备技术问答	8	炼油厂电工技术问答	14
油罐技术问答	12	设备状态监测技术问答	12
球形储罐技术问答	12	实用机械密封技术问答(第三版)	28
转鼓过滤机技术问答	8	泵操作与维修技术问答(第二版)	15
焦化装置焦炭塔技术问答	8	离心式压缩机技术问答(第二版)	15
连续重整反应再生设备技术问答	8	往复式压缩机技术问答(第二版)	15
电站锅炉技术问答	15	汽轮机技术问答(第三版)	18
空冷器技术问答	10	催化烟机主风机技术问答	8
换热器技术问答	12	电站汽轮发电机技术问答	18
金属焊接技术问答	48	电站汽轮机技术问答	18
压力容器技术问答	12	设备润滑技术问答	12
压力容器制造技术问答	8	炼化动设备基础知识与技术问答	39
无损检测技术问答	28	炼化静设备基础知识与技术问答	38
设备腐蚀与防护技术问答	30		